奇妙的自然现象丛书
QIMIAO DE ZIRAN XIANXIANG CONGSHU

流畅细致的文字
精美独特的插图
大方优雅的版面

本书编写组 王玮◎编著

雾失楼台

世界图书出版公司
广州·上海·西安·北京

图书在版编目（CIP）数据

雾失楼台/《雾失楼台》编写组编.—广州：广东世界图书出版公司，2010.8（2021.11 重印）

ISBN 978-7-5100-2510-5

Ⅰ.①雾… Ⅱ.①雾… Ⅲ.①雾－普及读物 Ⅳ.①P426.4-49

中国版本图书馆 CIP 数据核字（2010）第 151531 号

书　　名	雾失楼台 WU SHI LOU TAI
编　　者	《雾失楼台》编委会
责任编辑	康琬娟
装帧设计	三棵树设计工作组
责任技编	刘上锦　余坤泽
出版发行	世界图书出版有限公司　世界图书出版广东有限公司
地　　址	广州市海珠区新港西路大江冲 25 号
邮　　编	510300
电　　话	020-84451969　84453623
网　　址	http://www.gdst.com.cn
邮　　箱	wpc_gdst@163.com
经　　销	新华书店
印　　刷	三河市人民印务有限公司
开　　本	787mm×1092mm　1/16
印　　张	13
字　　数	160 千字
版　　次	2010 年 8 月第 1 版　2021 年 11 月第 7 次印刷
国际书号	ISBN 978-7-5100-2510-5
定　　价	38.80 元

版权所有　翻印必究

（如有印装错误，请与出版社联系）

序　言

　　地球上大气、海洋、陆地和冰冻圈构成了所有生物赖以生存的自然环境。自然现象，是在自然界中由于大自然的自身运动而自发形成的反应。

　　大自然包罗万象，千变万化。她用无形的巧手不知疲倦地绘制着一幅幅精致动人、色彩斑斓的巨画，使人心旷神怡。

　　就拿四季的自然更替来说，春天温暖，百花盛开，蝴蝶在花丛中翩翩起舞，孩子们在草坪上玩耍，到处都充满着活力；夏天炎热，葱绿的树木为人们遮阴避日，知了在树上不停地叫着。萤火虫在晚上发出绿色的光芒，装点着美丽的夏夜；秋天凉爽，叶子渐渐地变黄了，纷纷从树上飘落下来。果园里的果实成熟了，地里的庄稼也成熟了，农民不停地忙碌着；冬天寒冷，蜡梅绽放在枝头，青松依然挺拔。有些动物冬眠了，大自然显得宁静了好多。

　　再比如刮风下雨，电闪雷鸣，雪花飘飘，还有独特自然风光，等等。正是有这些奇妙的自然现象，才使大自然变得如此美丽。

　　大自然给人类的生存提供了宝贵而丰富的资源，同时也给人类带来了灾难。抗御自然灾害始终与人类社会的发展相伴随。因此，面对各类自然资源及自然灾害，不仅是人类开发利用资源的历史，而且是战胜各种自然灾害的历史，这是人类与自然相互依存与共存和发展的历史。正因如此，人类才得以生存、延续和发展。

　　人类在与自然接触的过程中发现，自然现象的发生有其自身的内在规律。

当人类认识并遵循自然规律办事时，其可以科学应对灾害，有效减轻自然灾害造成的损失，保障人的生命安全。比如，火山地震等现象不是时刻在发生。它是地球能量自然释放的现象。这个现象需要时间去积累。这也正是为什么火山口周围依然人群密集的原因。就像印度尼西亚地区的人们一样，他们会等到火山发泄完毕，又回到火山口下种植庄稼。这表明，人们已经认识到自然现象有相对稳定的一面，从而好好利用这一点。

当人类违背自然规律时，其必然受到大自然的惩罚。最近十年，人类对大自然的过度索取使得大自然面目全非。大自然开始疯狂的报复人类，比如冰川融化，全球变暖，空气污染，酸雨等，人类所处的地球正在经受着人类的摧残。

正确认识并研究自然现象，可以帮助人们把握自然界的内在规律，揭示宇宙奥秘。正确认识并研究自然现象，还可以改善人类行为，促进人们更好地按照规律办事。

本套丛书系统地向读者介绍了各种自然现象形成的原因、特点、规律、趣闻趣事，以及与人类生产生活的关系等内容，旨在使读者全方位、多角度地认识各种自然现象，丰富自然知识。

为了以后我们能更好的生活，我们必须去认识自然，适应自然，以及按照客观规律去改造自然。简单说，就是要把自然看作科学进军的一个方面。

前　言

　　自然是我们人类赖以生存和繁衍的物质基础，所以保护和改善自然环境，是我们人类维护自身生存和发展的前提。这是人类与自然密不可分的两个方面，缺少一个就会给我们人类带来灾难。

　　自然界中的风风雨雨，人们早已司空见惯，可是能真正从实质上去认识和了解它们真相和奥秘的人却并不多。比如，几乎人人都见过的大雾。

　　当人们置身于似轻纱薄暮般的朦胧雾霭之中时，会情不自禁地感叹：雾是多么美丽迷人啊！而当弥漫的大雾笼罩城市上空，造成高速公路堵塞、航班延误、人们出行受阻时，人们会叹息：大雾多么让人可恨！

　　这让人又爱又恨的大雾，从气象学上来说，实际就是近地面微细水滴或冰晶附着在大量的悬浮颗粒上形成的集合体。

　　它既是人类生活环境的要素之一，又是供给人类生产和生活的重要资源。它对人类的生产、生活发生直接的作用，农业、工业、交通、国防等等，都不可避免地要受到大雾天气的干预。

　　雾和人们的交通出行关系最为密切。当出现浓雾、强浓雾的时候，眼前白茫茫一片，能见度很差，有时只能看到几米、几十米远的地方，使近地面阴阴沉沉，视野模糊不清。

高速公路上常因为大雾发生恶性交通事故，酿成人间惨剧。据统计，高速公路上因雾等恶劣天气造成的交通事故，大约占总事故的1/4。以成渝高速公路为例，1995~2001年因大雾造成92起交通事故。其中，仅1999年春节前期的一次大雾天气就导致成渝高速公路上百辆汽车追尾相撞，造成直接经济损失数千万元。

对于航空，更是如此，范围宽广、厚度大的平流雾，对航班飞行的影响不可估量，它严重妨碍航班的起飞和降落。以首都机场为例，当首都机场能见度低于350米，航班就无法起飞，低于500米时航班就无法降落。如果能见度低于50米，航班连滑行都无法进行，处置不当极易造成飞行事故。国内外航空史上都曾发生过飞机在大雾中滑行相撞造成严重后果的事故。

海洋和江河航运业也深受大雾的影响。2000年6月22日，四川合江县"榕建号"客船，由于冒着大雾航行，加上眼中超载，结果不幸倾覆长江，造成130人死亡的重大事故。

而雾对电力网的危害有时甚至胜过雷电。雾和雷电相比，湿度大，极易破坏高压输电线路的瓷瓶绝缘体，造成可怕的雾闪，致使电网解裂，大面积停电。2001年，辽沈地区发生的50年来最严重的停电事故，直接起因就是雾闪灾害。这次停电事故几乎使沈阳市陷入瘫痪状态。沈阳的市区郊县停电面积近80%，市内绝大部分地区断水，机场关闭，火车停运，医院停诊，电台停播，报刊停印，工厂停产，交通事故不断。

雾对农业也有不利影响，长时间的大雾遮蔽了日光，妨碍了农作物的呼吸作用和光合作用，使作物受到病虫害的威胁，从而影响和降低产品的质量和品质。

对于人体健康，大雾也是有害的，弥漫在空中的雾滴往往带有细菌、病毒，还影响城市污染物的扩散，甚至加重二氧化硫等物质的毒性，如果呼吸到雾中的有害物质，则会对人体健康构成威胁，甚至引起呼吸道疾病和心血管等疾病的发病率升高。

不过，大雾也并非一无是处。

近年来蓬勃发展的旅游业，对大雾的依赖十分明显。在冬春交际时，庐山、黄山、峨眉山、九华山、衡山……这些久负盛名的名山，都因为缥缈起伏、变换多姿的云雾而获得游客的青睐。美丽的云雾就是这样用无边的法力牵动着游人。

大雾对战争的胜负也有很重要的意义，有时甚至影响到历史的演进。公元208年赤壁之战，诸葛亮用雾作掩护，不费吹灰之力，得十万余支箭而伏周瑜。曹操却雾中失利，只得叫苦，从而奠定了赤壁之战胜利的局面。1776年夏，华盛顿领导的部队在纽约附近的长岛和英军作战遭受重创，形势危急。全军上下正在绝望之际，长岛一带突现大雾，华盛顿乘机率部突围，得以重整旗鼓。

此外，大雾对体育运动也有很大影响。一场突如其来的大雾往往会使足球场上的队员们敌我不分，闹出笑话。

总之，大雾对人类影响极大，它每时每刻都在施展着神奇的魔力。今天，人们已基本掌握了大雾的发生变化规律，能作出相当准确的预报，趋利避害，消除大雾，减少因恶劣的大雾天气而造成的损失。甚至还能利用大雾，从中取水，给干旱多雾的地区带来宝贵的淡水资源。当然，在未来我们还要进一步研究大雾，利用大雾，让它对人类的活动产生更有益的作用。

　　这是一本关于雾的小百科全书，它将带你走进扑朔迷离的雾世界，去触摸和感受雾的脉动和呼吸，去感悟雾的奥秘，去领略雾都、高山云雾的奇风异景，去探寻万千气象的内涵和真谛！

编　者

contents

第一章　揭开雾的神秘面纱——有关雾的基本知识　1

　　第一节　雾的定义及其划分标准　3
　　第二节　雾的大家族　6
　　第三节　我国大雾的地区分布及其季节变化　18

第二章　看似温柔的杀手——雾的危害　23

　　第一节　高速公路上的"无形杀手"　25
　　第二节　危及航班安全　36
　　第三节　制造海港航道惨祸　42
　　第四节　城市污染雾作怪　48
　　第五节　雾对其他行业的危害　56

第三章　人工影响天气的新课题——雾的消除和利用　60

　　第一节　人工消雾　62
　　第二节　雾水资源的利用和开发　68

第四章　美轮美奂——雾景资源　75

　　第一节　迷人的高山雾霭风光　77

· 1 ·

第二节　高山云雾产名茶　100
第三节　美丽的雾凇　117

第五章　战火雾语——雾和战争　125

第一节　诸葛亮草船借箭　127
第二节　窦建德雾中突袭取胜　129
第三节　大雾助太平军取得三河镇大捷　131
第四节　华盛顿靠大雾获得喘息之机翻盘　134
第五节　大雾屡助拿破仑　136
第六节　德军巧借大雾赢海战　141
第七节　第二次世界大战中大雾唱主角　143

第六章　雾的"是是非非"——关于雾的趣闻　152

第一节　预报天气的先兆——关于雾的谚语　154
第二节　雾中球赛趣事　163
第三节　神秘的"雾牛"　167
第四节　雾之最　169

附录　文学作品中的雾　177

第一章

揭开雾的神秘面纱

——有关雾的基本知识

雾是我们生活中常见的一种天气现象。迷人的雾霭常给人扑朔迷离的感觉。的确，远观它像缭绕的白云，一朵朵，一簇簇；近看，它又如弥漫的蒸汽，一团团，一片片。它时而像滚滚的烟尘，将大地遮盖得天昏地暗；时而像青纱帐帘，让人看不清世界的本来面目……那么究竟这扑朔迷离的雾的真面目是什么呢？现在就让我们一起揭开它的神秘面纱。

第一节　雾的定义及其划分标准

雾到底是怎样形成的呢？让我们来看生活中的一个现象，在做饭的时候大家肯定能看到锅上方总是有雾气产生，大雾的形成和它形成的原理相同，只是形成的范围大，维持的时间长而已。

从气象学上来说，看似神秘的雾实际就是近地面微细水滴或冰晶附着在大量的悬浮颗粒上形成的集合体。当空气中所含的水汽多于一定温度条件下的饱和水汽量时，多余的水汽在尘埃、微粒、细菌等凝结核上凝结成的小水滴或冰晶悬浮在近地面层里就形成了雾。

雾

当空气容纳的水汽达到最大限度时，就达到了饱和。而气温愈高，空气中所能容纳的水汽也愈多。1立方米的空气，气温在

雾失楼台

4℃时,最多能容纳的水汽量是6.36克;而气温是20℃时,1立方米的空气中最多可以含水汽量是17.30克。如果空气中所含的水汽多于一定温度条件下的饱和水汽量,多余的水汽就会凝结出来,当足够多的水分子与空气中微小的灰尘颗粒结合在一起,同时水分子本身也会相互粘结,就变成小水滴或冰晶,这些小水滴或者小冰晶悬浮在近地面的空气层里,这就是雾。雾和云都是由于温度下降而造成的,雾实际上也可以说是靠近地面的云,她们是一对姊妹花。

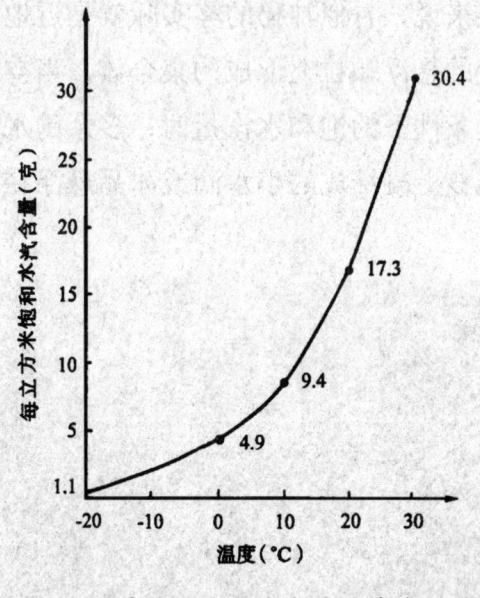

温度和饱和水汽含量的关系

不过,要使形成的雾能够悬浮在相当厚的靠近地面的气层中,还必须具备下列条件:适当的风力;水蒸气必须达到不致很快地向下传送到下层空气及地面后凝结的程度;水平能见度必须小于一定距离。

当雾出现的时候，水平能见度较差，气象上因此就以水平能见度作为指标来划分雾的强度。

按水平能见度大小，雾的强度可以划分为5个等级：

①水平能见度距离为1~10千米的称为轻雾。

②水平能见度距离低于1千米的称为雾。

③水平能见度距离为200~500米的称为大雾。

④水平能见度距离为50~200米的称为浓雾。

⑤水平能见度不足50米的雾称为强浓雾。

（★能见度：是反映大气透明度的一个指标，能见度多少米定义为具有正常视力的人在当时的天气条件下还能够看清楚目标轮廓的最大距离。）

秋冬季节为何多雾？

白天温度比较高，空气中可容纳较多的水汽。但是到了夜间，温度下降了，空气中能容纳的水汽的能力减少了，因此，一部分水汽会凝结成雾。特别在秋冬季节，由于夜长，而且出现无云风小的机会较多，地面散热较夏天更迅速，以致地面温度急剧下降，这样就使得近地面空气中的水汽，容易在后半夜到早晨达到饱和而凝结成小水珠，形成雾。秋冬的清晨气温最低，便是雾最浓的时刻。

冬天早晨的雾

第二节 雾的大家族

雾的大家族兄弟姐妹很多，根据雾形成的物理机制和天气条件，我们可将雾分为气团雾和锋面雾两大类。

气团雾

气团雾形成于气团的内部，是近地层空气与下垫面相互作用的产物，是在空气冷却到露点温度以下时出现的。气团雾又可分为冷却雾、蒸发雾、混合雾和地方性雾等。

（●露点温度：露点温度是气象学中的一个表征空气湿度的名词，它的定义是这样的：当空气中水汽含量不变且气压一定时，如温度不断降低，空气将逐渐接近饱和，当气温降低到使空气达到饱和时的那个温度就叫做露点温度，简称露点。它的单位和气温相同。在地面气象观测项目中，露点温度可以通过测定空气湿度进行计算，也可以用露点仪直接测定，它是天气预报中一个非常重要的参考因子。）

一、冷却雾

冷却雾根据空气冷却原因的不同又可分为以下三种：

1. 辐射雾

辐射雾形成的条件：

（1）近地面大气中水汽充沛。

（2）夜晚天气晴朗。因为天气晴朗的夜晚地表有效辐射强，温度下降幅度较大。

（3）风速为1~3米/秒。要形成一定强度及一定厚度的辐射雾，仅有地表辐射冷却还不够，还必须有适度的垂直混合作用相配合。

（4）近地层（稳定层结及水汽多半聚集在这一层中）出现逆温层。如高压中心或弱高压脊附近往往会出现晴朗微风的天气，而如果当时这些地区近地层空气中水汽充沛，就可能出现辐射雾。所以，辐射雾出现时，天气一般晴好，"十雾九晴"中的"雾"指的就是辐射雾。

晴夜少云　　空气潮湿　　略有微风　　　　辐射雾

辐射雾的形成

辐射雾的特征：

（1）有明显的日变化和年变化。在一天中，辐射雾一般在夜间生成，在日出前后达最强，在上午8~10时完全消散。但在冬季高纬度地区，由于受强大而稳定的冷高压控制，辐射雾在白天不一定消散，而是维持数日，仅在白天稍有减弱。在一年中，辐射雾在秋、冬两季出现较多，在夏季出现较少。

雾失楼台

辐射雾

（2）与地理环境有密切的关系。潮湿的山谷、洼地、盆地由于水汽充沛及有冷空气的聚集，经常会出现辐射雾。如我国的四川盆地是有名的辐射雾区，其雾形成后可持续几天终日不散，所以有人用"雾重庆"来形容重庆雾之多。

（3）垂直高度为几十米到几百米，平均为150米；水平宽度不大。辐射雾常零星分布，在平原上也可连成一片。

2. 平流雾

平流雾为暖湿空气平流到冷的下垫面上后冷却而形成的雾。它的形成条件如下：

（1）暖湿空气与冷下垫面的温差较大。因为这种雾的形成过程是：当暖湿空气平流到冷的下垫面上时，紧挨下垫面的气层就会失热冷却，形成平流逆温层。在平流逆温层限制气层垂直混合和聚集水汽的作用的影响下，逆温层下部的水汽凝结成雾并逐渐向上扩展，直到接近逆温层顶。如果暖湿空气与冷下

垫面的温差较大，平流逆温就会较强，气层的垂直混合作用就会受到限制，温差就会持续存在，平流雾持续时间就会延长，高度也会较高。

（2）暖湿空气湿度较大，可以提供足够的水汽。

（3）风速适中（2~7米/秒）。因为若风速过小，则一方面，暖湿空气不一定能以一定的速度流向冷的下垫面；另一方面，气层不一定能产生适当的垂直混合，这就不利于平流雾的形成。平流雾与风向的关系也很密切，若改变已有平流雾的地区的风向，切断暖湿空气的来源，平流雾就会很快消散。

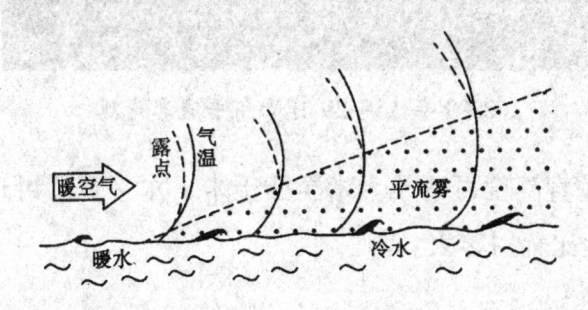

平流雾的发展过程

平流雾的特征：

（1）日变化不明显，年变化较明显。在一天中任何时刻，平流雾均可出现或消散。但由于受温度日变化的影响，在气流条件不变的情况下，陆上的平流雾往往会在中午暂时消失或减弱，在黄昏又复出现或增强；而海上温度的日变化不如陆上明显，因而海上平流雾的日变化也不如陆上平流雾明显。在一年中，平流雾常在春、夏季出现多而在秋、冬季出现少，这主要决定于海陆温差与冷暖洋流的季节性变化。我国沿海地区的平流雾往往随沿海冷洋流的季节性移动而移动：在冬、春季形成于南海，在春、夏季形成于东海，在夏季移到黄海、渤海一带。

（2）海上平流雾持续时间长，有时可达几天；陆上平流雾往往是平流辐射雾，即是由暖湿空气先平流后辐射冷却形成的。

2009年1月29日青岛平流雾奇观

（3）垂直高度可达几十米至两千米，水平宽度可达数百千米以上；强度比辐射雾大。

2009年3月20日，广西柳州出现平流雾奇观

（4）出现时常伴有层云、碎雨云和毛毛雨等天气现象且天气

较稳定。

平流雾和辐射雾的差别：

平流雾没有明显的日变化，来去自由。一天当中，任何时候都可能发生。而辐射雾有明显的日变化，清晨产生，中午消失，很有规律，特别在中午前后，辐射雾是无论如何难以产生的。但平流雾则不然，即使从海上流到陆上，也很随意，时而早晨，时而傍晚，时而深夜，很难捉摸。

3. 上坡雾

平缓的山坡，没有风，山脚下的雾霭慢慢向上升腾。白色的雾刚刚还在树的根部缠绕，但很快便漫上树腰，继而将树冠遮蔽了，这种雾就是上坡雾。它是空气沿山坡上升后绝热膨胀继而冷却而形成的雾。这种潮湿空气必须处于稳定的状态，山坡的坡度又必须较小。上坡雾形成时，气层必须是对流性稳定层结。上坡雾常出现在迎风坡上。

二、蒸发雾

蒸发雾是冷空气在流经暖水面上时受暖水面水分蒸发影响水汽饱和凝结而形成的雾。

蒸发雾形成的条件：

（1）暖水面上的饱和水汽压与冷空气的饱和水汽压之间存在一定的差值。饱和水汽压差值越大，蒸发雾越易形成。

（2）不稳定层（约厚50米）上存在逆温层。逆温层可阻碍水分向高层大气中输送；不稳定层内的湍流可加速热量和水汽交换，加快蒸发，有利于蒸发雾的形成。

蒸发雾的特征：

（1）垂直高度一般不太高，通常为50～100米，下界高度大致与逆温层的下界高度一致。

（2）既不稳定也不均匀，随生随消，时浓时淡。

蒸发雾的分类：

蒸发雾又可分海洋雾和河、湖上的秋季雾。

湖面上的雾色

海洋雾是冬季冷空气从大陆流向暖海洋上而形成的雾。这类雾在极地地区特别常见，在不冻的海湾以及冬季冰窟窿上亦常出现。极地地区，空气比较冷，如果有一支暖洋前来，就会造成冷空气覆盖在暖水面上的情况。在北大西洋上就有一支强大的称为墨西哥湾流的暖洋流，经常突入北极的海洋上，造成北极海洋上规模较大的蒸发雾。有时候，北极的冷空气停留在冰上，当冰面开裂时，冰下比较暖的水就露了出来，于是就在冰面开裂的地区，蒸腾着局部的蒸发雾。由于这种忽浓忽淡、如烟似云的蒸发雾都出现在高纬度的北极地区，所以又被称为"北极烟雾"。

海雾

　　出了极地地区，冷空气覆盖暖水面的情形还常出现在内陆地区。白天，河谷里的水面温度升得很高，到了夜晚，山风夹带冷空气沿着山坡滑到暖的河谷水面上；而在湖滨地区，夜间湖水比陆面暖，当陆风吹到湖面上，就会形成比较浅薄的蒸发雾。秋冬季节一次较强的冷空气南下以后，天晴风小的早晨，还来不及冷却的暖水面上也往往蒸腾着这种蒸发雾。

蒸发雾

另外，蒸发雾是一种很美丽的自然景观，极具观赏性。

三、混合雾

两团接近饱和的空气在水平方向相互混合达到饱和发生凝结而形成的雾称为混合雾。

混合雾形成的条件：两团参与混合的空气的温差要大于10℃，各自的相对湿度要大于95%且越大越好。这类雾有时出现在海陆气温相差很大而风微弱的海岸附近。

四、地方性雾

这类雾的特点是受地理位置的影响特别明显。如都市雾常常出现在大城市、工业中心及工厂附近，因为这些地区存在大量活跃性凝结核。这种雾形成之后持续时间较长，对交通非常不利，并能造成严重污染，危害人体健康。

五、冰雾

当任何类型的雾气里的水点被冷凝为冰片时便会生成冰雾。通常需要温度低于凝点时亦会生成，所以常见于南北极。

冰雾

六、冻雾

当雾里的水点在物体表面凝固时生成白霜,这时的雾景被称为冻雾,常见于云层底部的山顶。

冻雾

七、低雾

当雾掩盖天空的范围不及60%时,称为低雾。

锋面雾

锋面雾是一种比较典型的雾,它是在冷暖空气交界的锋面附近产生的,故名锋面雾。锋面雾一般以暖锋附近出现居多,但锋前锋后也都有可能发生。锋前雾是由于锋面上暖空气内云层中的较暖雨滴落入地面冷空气内,发生蒸发,使空气达到过饱和而凝结成的雾;而锋后雾则是暖湿空气移至原来被暖锋前冷空气占据过的地区冷却达到过饱和而形成的。因为锋面附近的雾常跟随着锋面一道移动,因此,军事上就常常利用这种雾来掩护部队,向敌人发起突袭。

在理论上，所有类型的雾均会在受到日照后逐渐消散。而雾一般会在清晨时分出现，下午时分最少出现，这是因为日照猛烈的关系。

链接

雾的近亲——云和霾

云和霾都是雾的近亲，但它们之间还是有一定差别的。

云和雾都是悬浮于空中的微细水滴或冰晶组成的，云为空中之雾，雾为地面之云，它们之间并没有本质上的区别。区别只在于雾是空气中水汽在地面附近就已达到过饱和状态，从而形成肉眼能够看得见的、但又很难看得清楚的小雾滴。云的形成主要是由水汽凝结造成的。我们都知道，从地面向上十几千米这层大气中，越靠近地面，温度越高，空气也越稠密；越往高空，温度越低，空气也越稀薄。另一方面，江河湖海的水面，以及土壤和动、植物的水分，随时蒸发到空中变成水汽。水汽进入大气后，

云山雾海

成云致雨，或凝聚为霜露，然后又返回地面，渗入土壤或流入江河湖海。以后又再蒸发（升华），再凝结（凝华）下降。周而复始，循环不已。水汽从蒸发表面进入低层大气后，这里的温度高，所容纳的水汽较多，如果这些湿热的空气被抬升，温度就会逐渐降低，到了一定高度，空气中的水汽就会达到饱和。如果空气继续被抬升，就会有多余的水汽析出。如果那里的温度高于0℃，则多余的水汽就凝结成小水滴；如果温度低于0℃，则多余的水汽就凝化为小冰晶。在这些小水滴和小冰晶逐渐增多并达到人眼能辨认的程度时，就是云了。

霾

霾是悬浮在大气中的大量微小尘粒、烟粒或盐粒的集合体，使空气混浊并使水平能见度降低到10千米以下的一种天气现象。雾和霾的区别主要在于水分含量的大小：水分含量达到90%以上的叫雾，水分含量低于80%的叫霾。80%~90%的，是雾和霾的混合物。霾和雾还有一些肉眼看得见的"不一样"：雾的颜色是乳白色、青白色，霾则是黄色、橙灰色；雾的边界很清晰，过了"雾区"可能就是晴空万里，但是霾则与周围环境边界不明显。

一般来讲，雾和霾的区别主要在于水分含量的大小：水分含量达到90%以上的叫雾，水分含量低于80%的叫霾。80%~90%的，是雾和霾的混合物，但主要成分是霾。

就能见度来区分，如果目标物的水平能见度降低到1千米以内，就是雾；水平能见度在1~10千米的，称为轻雾或霭；水平能见度小于10千米，且是灰尘颗粒造成的，就是霾或灰霾。另外，霾和雾还有一些肉眼看得见的"不一样"：雾的厚度只有几十米至200米，霾则有1~3千米；雾的颜色是乳白色、青白色，霾则是黄色、橙灰色；雾的边界很清晰，过了"雾区"可能就是晴空万里，但是霾则与周围环境边界不明显。

第三节　我国大雾的地区分布及其季节变化

雾是一种局地性很强的天气现象，它的地理分布也比较复杂。大雾形成由天气条件与环境因素决定，受天气系统、本地气温、相对湿度、风速、大气稳定度、大气成分各种颗粒物等诸多条件的影响。

我国地域辽阔，东西南北方的气候特征差异也很大，从地域来分，南方与北方、内陆与沿海的雾特点也不尽相同。

从整体上看，我国大雾分布基本呈现为东南部多西北部少的特点。一般而言，沿海、高山、城市为雾的多发地区。

根据统计，年平均大雾日数在30天以上的地区有东北地区，如大兴安岭地区、黑龙江北部、吉林、辽宁东部和西北天山附近；东部及南部地区主要有江浙沿海、闽西北山区、四川盆地、湘黔交界地区、云南西南部地区。

年平均大雾日数在60天以上的多雾地区集中在辽宁东部沿海、山东半岛沿海、江浙沿海、福建西北及沿海、四川盆地、云南西南部，其中闽西北地区和滇西南地区是特多大雾地区，年均大雾日数在100天以上。

2008年7月13日清晨山东蓬莱出现平流雾奇观

中国大多数雾区秋冬季雾日最多，春夏季雾日较少。各月当中，11、12月是多雾月，5、6月是少雾月。但渤海海岸区冬季雾最少，夏季雾最多；黄海岸区和北疆月际变化相似，呈双峰型，春秋季雾多，冬夏季雾少；东海岸区3月份雾最多，11月雾最少；淮河流域各月雾日分布均匀，变化不大。

雾失楼台
WU SHI LOU TAI

浙江省内的大雾

秋冬季节是我国大雾天气的多发时段，主要是因为我国陆地上的雾以辐射雾为主，夜间地面冷却的作用使空中水汽容易达到饱和而凝结。

与内陆地区相反，我国沿海地区最多大雾日数出现在2~8月。这与我国沿海地区大雾的成因有关。沿海地区常见大雾多为平流雾，即暖气流到达沿海的冷海面上凝结形成，因此多出现在暖季。

海口大雾

我国近海以平流冷却雾最多。雾季从春至夏自南向北推延：南海海雾多出现在2~4月，主要出现在两广及海南沿海水域，雷州半岛东部最多；东海海雾以3~7月居多，长江口至舟山群岛海面及台湾海峡北口尤甚；黄海雾季在4~8月，整个海区都多雾，成山头附近海域俗称"雾窟"，平均每年有近83天出雾；渤海海雾在5~7月常见，东部多于西部，集中在辽东半岛和山东北部沿海。

威海湾的海雾

此外，黑龙江、内蒙古中北部内陆地区大雾也主要出现在暖季，可能与该地区暖季湿度大，夜间容易形成辐射雾有关。

雾大多是在夜间至早晨出现，经太阳照射后会逐渐消散，日变化特征明显，辐射雾尤为明显。不过，若是下垫面空气较冷，平流雾、混合雾、上坡雾、锋面雾的持续时间就会延长，有时甚至昼夜不消。

不过，据统计，我国大多数区域雾日年际变化有下降的趋势，特别是20世纪80年代之后下降趋势更明显。雾日显著趋势

雾失楼台

区呈西南—东北走向，上升和下降趋势区相间分布，自东南向西北呈波列结构。

雾持续时间的长短，主要与气候条件有关。总的说来，气候湿润地区长雾（持续时间≥4小时）频率大，而气候干旱地区短雾（持续时间≤2小时）频率大，中等湿润气候的地区则以持续2~4小时的雾居多。当陆地上出现平流雾不仅范围广、密度大，而且持续时间也长。如，1968年11月20~25日，海河平原出现一次平流雾，大部分地区持续3~4天，河北沧州持续最长达6天之久。

第3章

看似温柔的杀手
——雾的危害

在文人墨客的笔下，雾像一个美丽温柔的少女，如梦如幻，引人遐想。事实上，随着经济建设和人民生活对交通、能源的依赖程度越来越高，雾的危害日益显现。不过，雾并不像风雨雷电那样惊心动魄，而是以"温柔杀手"的形式给社会经济和人民生活带来许多的不利影响和危害。

第一节 高速公路上的"无形杀手"

对高速公路而言，雾无疑是"隐形杀手"。据统计，因雾等恶劣天气造成的交通事故，大约占总事故的 1/4 以上。雾大时，车辆就像蒙着眼睛在混沌中行走，开足雾灯也无济于事，一旦发现前方有障碍物时，因为相距太近来不及避开，就容易发生轧人、追尾、撞车、翻车等事故。这些年来，因雾发生的几桩特大车祸，无不令人触目惊心。

大雾影响交通

我们挑选了一些国内典型的高速公路雾害：

1990 年 2 月沈大高速公路 1 千米处，因大雾引发一次多车尾撞事故，造成 43 辆汽车追尾碰撞的特大恶性交通事故，损失惨重。

雾失楼台
WU SHI LOU TAI

　　1992年8月19日凌晨，京津塘高速公路27.5千米（北京段）200～300米的范围内，突然浓雾笼罩，能见度仅10米，15辆车相继撞在一起，死3人伤16人，直接经济损失达40余万元。

大雾造成的车祸现场1

　　1995年1月8日早晨8点，京石高速公路上，由于大雾影响，在2千米路段内，有60余辆汽车撞成一团，造成京石高速公路暂时封闭。

大雾造成的车祸现场2

1996年11月24日上午7时，在沪宁高速公路南京至上海方向140千米处，由于局部路段大雾，在发生两辆车追尾碰撞事故后，不到半个小时内，在约500米的路段上，连续发生多起多车尾撞的特大恶性交通事故。该次事故共造成10人死亡，11人致伤，44辆车受损。其中有6辆车报废，12辆严重损坏。

1996年12月15日湖南长沙至湘潭高速公路开通，在刚开通后8天即12月23日发生大雾，能见度低，在前车车速仅20千米/小时的情况下，发生两车追尾撞车事故，正在抢救中又发生5辆轿车连续追尾，造成7辆车连续发生多车追尾碰撞的特大恶性交通事故。

1997年12月17日早8点左右，因雾天能见度极低，部分司机盲目开快车，造成京津塘高速公路进京方向25千米处连续发生两起40余辆汽车追尾，9人死亡，41人受伤的特大交通事故。

2000年8月24日晨5时30分，京津塘高速公路54千米处，一辆大货车突然翻车，因高速公路上的车速快，大雾天气能见度低，跟在大货车后的车辆对此应变不及发生连续追尾。发生追尾的汽车约有30辆，其中严重损坏及报废达十几辆以上，其余车辆均不同程度受损，司机当场死亡1人，数人重伤。上千辆车在高速公路上堵成一条将近10千米的长龙。

2000年10月6日，天津市的大雾天气使能见度最低仅为7～8米，使两条高速公路（津保高速公路及跨入天津市静海至西青区的京沪高速公路）从5点开始封路，而京津塘高速公路能见度达到通车标准，正常通行。

2001年11月15日，贵州省遭遇当年入冬以来范围最广的浓雾。受大雾影响，贵黄、贵毕路上连续发生汽车连环追尾交通事故，其中贵黄公路18.6千米朝清镇方向附近1千米的路段内就发生了13起，先后有22辆汽车受损，数车擦伤。事故中，3人受伤，交通中断。此外，贵毕公路修文收费站西出3千米处的事故，则有10余辆车撞在一起，10余人受伤。

2002年2月6日，一场罕见的大雾笼罩了赣北、赣中大地，从凌晨2时到上午11时共56个县市出现了浓雾，13个县市出现了轻雾，能见度最小只有30~50米（强浓雾）。昌九、温厚、昌樟3条高速公路被迫关闭了2~8小时。其中温厚高速公路连续发生4起交通事故，致使5辆汽车连环追尾相撞，造成1人死亡，5人受伤。

2003年1月12日2时~13日8时，除朝阳地区外，辽宁省相继出现轻雾和大雾天气，12日8时锦州地区的北宁、凌海及大连地区的长海能见度仅为100米（浓雾），局部出现雾凇。同时，京沈公路锦州段的上行路段（沈阳—北京）方向有8辆车相撞，在下行路段（北京—沈阳）方向有40多辆各类车辆（货车、面包车及轿车等）发生连续顶撞追尾事故，现场惨不忍睹。据了解，这次事故造成3人死亡，10多人受伤，近百辆大小车辆受损。

2003年12月12日上午9时许，郑漯高速公路临颍段突然出现大雾，至少有50辆车发生追尾事故，4人死亡，20人受伤。

2003年12月22日京沈高速公路盘锦段，因大雾在K535—K558路段同时发生三起30余辆车连环相撞事故，造成1人当场死亡，多人受伤的交通事故。

2004年1月5日早8点，大雾笼罩下的京沈高速公路沈阳西站至高花路段，能见度不足10米，造成连续发生30余起车祸，100多辆车相撞，至少6人死亡，19人受伤，塞车近6小时的全国罕见百车相撞事故。有关媒体以"拨开高速公路百车相撞的法律迷雾"为题，根据公安部《关于加强低能见度气象条件下高速公路交通管理的通告》第3条的规定，能见度小于50米时，就可采取局部或全部封闭高速公路的交通管制措施，并辅之以必要措施保障尚在该路段行驶的车辆的通行安全，认为在这起事故中，高速公路管理当局应承担事故的次要责任。

2004年1月5~6日辽宁全省出现大范围的大雾天气。除朝阳地区外，其他地区均出现能见度在1000米以下的大雾，能见度低于500米的浓雾地区包括沈阳、铁岭、抚顺、丹东、大连、营口、盘锦、鞍山、辽阳、阜新、锦州、葫芦岛。大雾给人们的出行、道路及交通安全带来及其不利的影响，致使高速公路多处封闭。

2004年2月13日晨8时许，由于大雾弥漫，沪宁高速公路45千米处发生一起重大交通事故，近40辆车追尾，当场造成4人重伤，其中3人生命垂危。

2004年4月11日早晨6时30分~7时20分，宁连高速公路连云港段273~275千米处，因间断浓雾影响，能见度低，在2千米路段内先后有28辆大货车碰撞、追尾，造成4起交通事故发生，事故造成7人死亡，18人受伤，其中2人伤势严重。

2004年4月11日早晨7时30分，也是由于大雾天气，京沪高速公路沭阳段发生多车相撞的重大交通事故，造成6人死亡，多人受伤，21辆车受损，数百车辆堵塞。

2004年8月17日6时许，京珠高速公路鹤壁段因早晨大雾弥漫，车速过快发生特大交通事故，500米长的路段内有14辆汽车追尾相撞，事故共造成7人死亡，10人受伤。直接经济损失40余万元。

2004年9月28日早6时30分，济青高速公路青岛至平度段出现大雾，能见度只有20～30米，造成近百辆车不断追尾。在相撞的车辆中，主要是大货车。

2004年10月10日早晨6时30分～7时20分，沈大高速公路南行线309千米处，因雾太浓、能见度低、路面湿滑，先后有18辆车相撞，造成5人受伤，其中2人伤势较重。

2004年10月19日晨5时45分，京津塘高速公路马驹桥至采育路段连续发生3起严重事故，共有7辆车追尾碰撞，造成2人死亡，多人受伤。

2004年10月19日7时起，京珠高速公路漯河段由于团状浓雾突降，造成短时间内发生一连串追尾事故，近20辆车追尾。

2004年10月21日凌晨一场大雾，造成京沪和宁通高速公路发生多起重大汽车追尾事故，并引起严重交通阻塞，事故至少造成6人死亡，27人受伤。

2004年11月1日凌晨起，京珠高速公路临湘段突起大雾，连续发生4起交通事故，共有36辆车连续发生追尾，共造成9人死亡，多人受伤。

2004年11月8日20时开始，辽宁省大部地区相继出现雾或大雾天气，尤以9日8时辽河流域一带最为严重，能见度为

100～300米，其他大部地区能见度为500～1000米。11月9日清晨，京沈高速公路上的能见度只有几十米，导致高花路段发生了一连串车祸，累计共造成44人受伤，所幸没有人员死亡。同时受大雾影响高速公路先后对沈大高速公路沈阳—鲅鱼圈路段、沈山高速公路沈阳—盘锦路段、盘海营高速公路全线三段进行封路。

2004年11月22日早晨8时，京珠高速潭耒段局部大雾，三辆大货车因大雾发生交通事故，引起交通堵塞，事故造成正在现场执勤疏导的交通民警等4人死亡，7人重伤。

2004年11月22日清晨，由于突然起了大雾，能见度仅10米左右，在江苏省宁通高速公路距江都市正谊服务区500米处，一辆依维柯撞上了前面的一辆大客车，紧接着又有10多辆车相继追尾，共造成10多人受伤，其中有2人生命垂危，车祸导致该路段堵塞近3小时。

2004年11月22日，锦州、义县、黑山、盘锦一带出现大雾天气，京沈高速公路锦州至盘锦段能见度不足5米，由于能见度急剧下降，给行车造成很大困难，导致严重的车辆追尾事故。上午8时在京沈高速公路北京至沈阳方向锦州段498千米及前后数千米区域出现总共有20多辆大货车发生追尾相撞交通事故，有两人在车祸中丧生，超过10人以上受伤。

2004年11月24日清晨6时左右，深秋的一场大雾使宁连高速安徽省段连续发生至少6起60多辆车相撞的交通事故，造成20余人伤亡，天长段车辆阻塞约10千米长，宁连高速全线交通受阻5小时。

雾失楼台

2004年12月13日~15日，宁杭高速、沪宁高速和机场高速封闭，使南京发往沪宁线、苏南、浙江方向的20个班车受到影响。12月13日早晨8时多，一场大雾让宁通高速公路上的3辆货车追尾相撞，事故造成3人死亡，3人受伤。

2005年1月3日7时，由于有浓雾，衡德（衡水—德州）路滏阳新河大堤附近，由东向西行驶的4路公交车与一辆山东省德州市的大货车相撞，造成公交车上13名乘客不同程度受伤。

2005年3月27~28日，江苏省苏北地区连续两天出现了大雾天气。3月27日清晨，一场大雾弥漫徐州至丰县的徐丰公路，使得不到400米的路段上连续发生5起车祸。戴楼铁路附近甚至发生一起5车追尾事故。3月28日早晨7点左右，连云港市东海县战备路洪庄薛团村段发生一起交通事故，5车连环相撞，造成1人重伤。浓雾加上车祸，致使此段路面交通几乎陷于瘫痪，数百辆汽车拥堵一处，排出的"长龙"接近3千米。

2005年5月22日，江苏高速公路因大雾引发多起严重车祸。清晨，大雾造成宁连高速公路南京段发生了十几起车祸，造成8人死亡，20多人受伤。同日，京沪高速公路江苏淮安段也因大雾引发十起连环交通事故，其中3起事故造成4人死亡。同日清晨5时30分左右，在京沪高速公路江苏淮安段川星服务区附近路面，两辆车因大雾发生追尾事故，结果在近4千米的范围内，连环造成十起交通事故。事故中，一辆轿车起火燃烧。

2005年10月26~27日，江苏省出现大范围雾天，26日凌晨，受大雾影响扬州境内的京沪、宁通及扬溧3条高速公路紧急封闭7小时，其中凌晨2点，能见度仅200米左右，4时20分

许，部分路面能见度不足 10 米。直至上午 11 时许，大雾才逐渐消散，高速公路恢复通行。在此期间，宁通高速公路扬州段发生了 5 起交通事故，造成 2 人受轻伤。京沪高速公路高邮段两车追尾，造成 1 人死亡，6 人受伤。

2005 年 10 月 29 日～11 月 2 日，江苏连续几天出现大范围的大雾天气。受大雾天气影响，每天都有多条高速公路被关闭，30 日京沪高速公路高邮段下行线 216～219 千米处，发生 50 多辆汽车连环相撞的特大交通事故。事故造成 50 多人受伤，其中 3 人死亡，10 人重伤；2 日上午宁通高速接连发生 6 起车祸，30 辆车相撞，造成 2 死 11 伤；2 日早晨因为大雾，镇江沿江公路发生一起重大车祸，一辆散装水泥槽罐车发生事故后槽罐脱落，另一辆运输危化品的槽罐车追尾上来，使车内一男子被卡不幸身亡；2 日上午 9 时 40 左右，汾灌高速 76 千米海州段发生重大车祸，短短几分钟，接连两起事故，共 23 辆车追尾相撞，致 9 辆车报废，2 人死亡。据目击者说，当时，汾灌高速海州段附近烟雾蒙蒙，76 千米处不时飘起一大片团状浓雾，能见度很低；宁连公路大雾弥漫，连续发生 3 起车祸，所幸未造成人员死亡，但仍然致使数人轻伤，一人重伤，多辆汽车受损。

消防人员在处置被大火烧毁的油罐车和大客车

2005 年 11 月 3 日开始，北京就被雾气笼罩，4 日早晨能见度还短暂地下降到 1000 米以下，达到大雾级别。凌晨 2 点开始，

雾失楼台

雾气突然加重。11月4日昨日清晨，大雾弥漫北京，北京市气象台两次发布大雾黄色预警。京沈、京津塘、京石等7条高速陆续封闭。5日大雾造成京津塘高速发生了10多起交通事故，一人死亡；还造成东南六环9车追尾，3死7伤。11月4日8点半左右过境的FY-1D气象卫星监测到，我国山西中部、河北大部、天津、辽宁大部以及陕西中部局地、甘肃东部等地出现了雾天气，部分雾区上空有云覆盖、辽宁东部的大雾正在逐渐抬升为层云。由于近地面风力较弱，河北中南部、北京、天津等地有霾覆盖，空气质量较差。渤海海域也有雾弥漫。

2006年2月7日，新疆乌苏市气温出现大幅回升，道路湿滑，并出现大雾天气。因道路结冰并有大雾，乌奎高速公路封闭，乌苏市区于2月8日发生一起严重交通事故，造成一死一伤。

2006年4月16日早上7时30分许，因团状浓雾突发，京珠高速公路614千米处河南新乡段发生多起追尾事故，百余辆车相撞，其中38严重损毁，各界200余人参加了大营救。在此次事故中，共有4人死亡，10人受伤。

2007年1月18日清晨7时20分~8时10分，受大雾影响，沪杭高速公路上海往杭州方向大港到新浜段发生14起车祸，造成27辆不同类型的机动车被撞，7人受伤。车祸以及大雾造成沪杭高速公路近7个小时的拥堵，堵车长达近10千米。2月11日，沪昆高速公路因大雾发生22起连环撞车事故，涉及车辆82辆，10人死亡，死伤者多是返乡民工。

2008年3月10日凌晨4时29分~7时22分，京沪高速公路下行线112~117千米和上行线124千米路段由于大雾先后引发

15起车辆追尾事故，造成8辆车损坏较重，其中下行线114～116.5千米，发生9起事故，当场死亡4人，下行线112.85～113千米当场死亡1人，各点送医院经抢救无效死亡7人，伤势较重10人。

2008年11月24日10时左右，受恶劣的浓雾天气影响，新疆吐乌大高等级公路达坂城风力发电站路段，先后发生多起汽车追尾事故，事故共造成5人死亡，27人受伤。

2009年7月2日上午11时30分，一辆金龙客车行驶到石（石家庄）黄（黄骅）高速公路献县段时，刮擦停在路边的一辆货车酿成交通事故，事故造成2人当场死亡，7人经抢救无效死亡，还有15人受伤。

2009年12月1日15时30分左右，新疆乌奎高速公路因大雾引起连环车祸，事故地点距离乌鲁木齐市25千米左右。一辆由石河子开往乌鲁木齐的长途汽车发生侧翻，两辆运煤车司机被卡在车内等待救援，现场多人受伤。

新疆乌奎高速公路连环车祸现场

雾失楼台

2010年1月20日，山西长治到太原高速公路方向因大雾引发多起车辆追尾事故，共造成9人死亡，8人重伤，20人轻伤。
……

第二节　危及航班安全

在我国大陆，平流雾一般在沿海地区出现，并以春季出现最多，随着季节的推移，逐月北上，2～4月多出现在东南沿海地区，4～6月出现在东海沿岸，5～7月多在黄海、渤海沿岸出现。

范围宽广、厚度大的平流雾，对航班飞行的影响不可估量，它严重妨碍航班的起飞和降落。以首都机场为例，当能见度低于350米时，航班就无法起飞，低于500米时航班就无法降落。如果能见度低于50米，航班连滑行都无法进行，如处置不当极易

浓雾延误航班

造成飞行事故。国内外航空史上都曾发生过飞机在大雾中滑行相撞造成严重后果的事故。

为了旅客安全，遇到浓雾天气，机场一般都会选择关闭机场，取消航班，这给人们的出行带来了不小的麻烦。如1996年12月27~31日，上海虹桥机场出现大雾，致使10万名旅客滞留机场，无法出行，造成的直接经济损失高达1000万人民币。而1993年11月的两天大雾也使4000名旅客滞留，这场大雾也造成了300万人民币的损失。

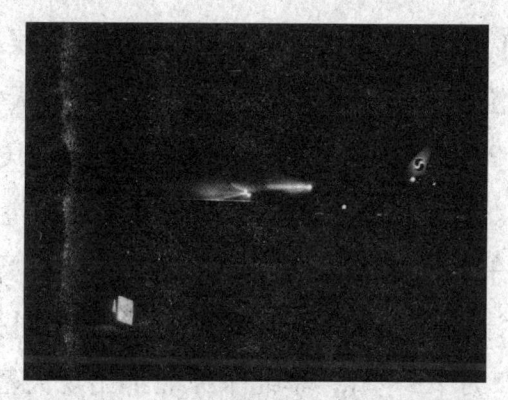

2008年1月7日韩国首尔仁川机场大雾

武汉天河机场遭遇大雾

据悉，20世纪80年代初，美国民用机场因大雾每年关闭机

雾失楼台
WU SHI LOU TAI

场约115小时,中断计划中的商业飞行造成的损失达7500万美元。如今,国外航班不能正常起降,57%是因为大雾所致,而在我国,因大雾造成的航班不准点率达79%。

我们挑选了一些国内典型的航空港雾害:

1994年2月17日晚,北京出现能见度小于50米的强浓雾,持续到19日上午10时左右。首都国际机场因雾关闭30多小时,影响客运、货运250架次,滞留旅客1.6万人,经济损失200多万元。

2000年11月27~28日,由于近地面有逆温层存在,低层风力较小,相对湿度又较大,天津地区出现了大雾天气,天津滨海国际机场原定27日下午出港的7个航班被延误起飞,4个进港航班被延误降落。直至当日下午7个航班才陆续出港,4个被延误进港的航班下午1时10分后才陆续降落在天津机场。29日傍晚,大雾再次笼罩津城,天津机场于晚7时起被迫暂时关闭。

2002年12月2~3日,华北平原北部出现大范围大雾天气。从12月2日傍晚开始,越来越浓重的大雾逐渐笼罩了首都机场。

重庆江北机场突现大雾

至晚23时30分左右，能见度已低于二类盲降设施的最低起降标准。因此进出港航班共有近50架无法起降。其中26架出港航班延误或取消，21架进港航班返航或改降到天津、太原、青岛、大连等周边机场。12月3日上午，大雾持续不散，首都机场地面能见度只有340米，中午前后，仍有100多架次航班受雾气影响而被延误或取消。

首都机场大雾弥漫

2004年2月18日，西南地区东部、江南西部、华南西部出现大雾天气，大雾区覆盖面积有21.05万平方千米。2月19日晨，黄淮、江淮、江南中东部、华南的部分地区以及台湾海峡出现大范围大雾区域，雾区面积约为28.5万平方千米。20日晨，大雾覆盖区域有所变化，影响范围进一步扩大，黄淮、江淮、山东半岛、江南东部以及黄海、东海部分海区出现大雾。雾区面积约44.6万平方千米。江西南昌昌北机场已有13个航班延迟起飞或降落，部分高速公路被迫关闭。

2004年11月底~12月初，华北、东北地区南部持续出现大雾，受大雾影响，河北中南部、山东中西部、河南中南部等地的

雾失楼台

能见度只有100~200米。有的地区不超过10米。北京、河北、山东以及河南北部等地已经出现了大片雾区。河南及其以南地区的雾区被高云层遮挡情况下，雾区覆盖面积仍有21.7万平方千米。这场大雾造成了首都机场有1400多架次航班延误，上万名旅客滞留机场，天津滨海国际机场出港的20余架航班被延误，致使1000余名旅客滞留。河南郑州机场11月30日有28个航班受阻，2000多名旅客滞留机场。山东济南机场11月29日有24个航班受到影响，近千名旅客滞留机场。长春机场有8个航班延误或取消。

郑州机场被大雾笼罩

2004年12月13~15日，江苏省连续出现大雾天气。13日上午10时15分前起飞的所有班机全部延误，同时还取消了到北京的一个航班。由于上午班机延误，导致下午飞回的广州、青岛、西安的3个航班也发生延误，使2000余人滞留机场。

2005年2月24日晨，深圳、广州出现了罕见的大雾天气，能见度最小仅200米，达到近10年来的最低纪录。天上地下雾

蒙蒙，房里房外水淋淋，即便是在深圳工作生活10多年的人，也是第一次感受到这种空气都能拧出水来的潮湿天气。由于机场的雾气太大，能见度低，导致北京首都机场内国航多架飞往深圳、广州的飞机起飞延误。数百名乘客滞留机场。

2006年1月24日，一场大雾席卷首都机场，最低能见度仅50米，造成兰州往返北京的6个航班推迟或延误。

2007年2月21日（农历正月初四）凌晨，浓雾袭击北京首都机场，能见度由1500米突然下降到50米，首都机场被淹没在雾海之中。浓雾从凌晨一直维持到夜间，导致数百架航班停场不能起飞。多架来首都机场的航班被迫中途返航或降落到其他机场，给春节期间人们的出行带来了严重影响。

2007年12月23日，陕西省西安市区被大雾笼罩。西安咸阳国际机场有20多班航班延误，1600多名旅客滞留机场。

2008年2月17日，兰州中川机场出现大雾天气，能见度低，造成多架次航班延误备降。

成都双流机场因大雾关闭

2009年11月7日一早，中国国际航空股份有限公司西南分公司客舱服务部执行早班的乘务组一如往常做好航前准备，等待飞离成都，执行航班任务。谁知，在成都双流国际机场（简称"双流机场"）仅仅送走了4班最早的高原航线航班以后，一场大雾突然来袭，飞行条件逐步下降。到7时30分，双流机场已不具备放行条件，机场被迫关闭3小时，造成国航西南分公司69个出港航班延误，打乱了客舱部的乘务飞行任务计划。

从2010年1月27日晚20时开始，受大雾影响，海口美兰机场有40多个航班被延误，致使上万旅客滞留机场。

2010年1月28日上午11点，大批旅客在美兰机场候机大厅

第三节 制造海港航道惨祸

1955年5月11日清晨，日本濑户内海上空晴朗无云，"紫云丸"客轮（1480吨）全速向松冲海面驶去。但不多一会儿，天空开始暗淡，起雾了。

雾越来越大，弥漫在天际间。"紫云丸"不得不减慢航速，船长

进入驾驶室，小心翼翼地指挥"紫云丸"在浓雾中摸索前进。

雷达报告，左前方发现航船，已经很近，但驾驶室里却什么也看不见。"紫云丸"调整航向，力图避开这个不速之客。突然一个庞然大物向"紫云丸"冲来。"紫云丸"急忙右转舵，但来不及了，船像被磁铁吸住一样，失去控制。刹那间一声巨响，地动山摇，一场海上灾难发生了——原来是"第三宇高丸"（1282吨）从左舷拦腰楔入了"紫云丸"。

在这次海难中，"紫云丸"号被撞沉，800余名乘客中，死亡168人。

据统计，在日本近海发生的840次海难事故中，直接与海雾有关的达270次之多，占25%。世界上的很多海域都有雾发生。1958～1974年间航海船舶的碰撞有70%是发生在雾天。一天中，下半夜至清晨最易发生海难事故，也与海雾有关，因为这段时间发生海雾最多。

海上大雾容易造成海港、航道惨剧

而在国内类似的海港、航道雾害也时有发生：

雾失楼台

1975年6月19日，胶州湾内"马蹄礁"附近，因浓雾影响，能见度很差，造成一天内接连发生4起碰船、触礁或搁浅的重大海损事故。

1979年7月，巴西一艘5万吨油轮，因海雾影响，在胶州湾西部撞上黄岛油港码头，造成损失550余万元。

1987年12月出现8个浓雾日。10日，大雾锁江，黄浦江轮渡全线停航，浦东陆家嘴轮渡停航4个多小时，积滞乘客3万余人。当雾消开航时，乘客蜂拥上渡轮，相互挤踏，造成16人死亡，受伤70多人。23日，因浓雾，黄浦江封航，市郊部分车辆停驶。

大雾笼罩黄浦江

1990年1月28日中午起雾，吴淞至长兴、崇明、横沙的航线停驶，傍晚雾更浓，最低能见度仅5米，黄浦江轮渡全线停航，时值春节（初二）节日，隧道口滞留近10万人。市政府组织现场指挥小组，上千警察维持交通秩序，受伤3人。

2000年6月25日早晨，浙江省三门县六敖镇门头村及周边部分群众自发组织乘一木质渔船，到宁海县胡陈港"赶小海"，因洋面雾大，5时许在蛇蟠洋红岩塘蛇蟠漈嘴海域被象山一木质

船拦腰撞断致沉，船上33名村民全部落水，其中21名获救，12名遇难。

胶州湾

2004年2月18日凌晨，江浙沪皖赣大部分地区出现了浓雾天气，上海市从2月17日凌晨起先后出现大雾天气，中心城区能见度一般为400～500米，郊区县都在100米以下，其中松江、闵行、金山、崇明曾到过50米以下。

2004年5月26日，南京市区上空笼罩着灰蒙蒙的轻雾，长江南京段江面的能见度仅不足500米，装运有670吨纤维板的上水船舶"江津39"轮与装运了1300吨煤的下水船舶"长通809"轮为了赶时间，冒雾航行。当两船行驶到新生洲洲头下约2.5千米、距北岸约150米处，因为视线不清，"江津39"轮一头冲上"长通809"轮的驾驶台，其船头被"长通809"轮的尾部缆桩撞出两个直径约30厘米的大洞，至海巡艇赶赴现场处理后，才解除了险情。

2004年6月18日下午，南京栖霞龙潭江面发生特大撞船事故，一条钢制船当即沉进江中，6人下落不明。当天下午4时左

雾失楼台
WU SHI LOU TAI

浓雾笼罩南京长江大桥

右,长江南京段江面上突起浓雾,能见度较差,一条"大庆51"货船上水航行到龙潭附近时,与运输黄沙的"周口3086"钢制船猛烈相撞。钢制船大量进水,在漩涡中沉入长江,船上有6人失踪。

2004年11月7日和8日江苏省出现大雾天气,其中:11月7日4时左右,长江南京段雾气渐起,6时,江上能见度小于50米,海事部门紧急禁止任何船只通过长江大桥、二桥、三桥,要求在航船舶就近选择锚地或安全水域抛锚待航。同日6时10分,违章冒雾航行的安徽"无为货0032"和"中山2号"轮相撞,幸无人员伤亡和渗漏。

2004年12月13~15日,江苏省连续出现雾天气。其中,12月13日出现的大雾为当年以来最强的一场大雾天气,其范围覆盖江苏省,能见度最差时不足100米,且一直持续到中午,水、陆、空交通受到严重影响。13日凌晨1时40分,南京海事局船舶交通管制中心发布航行警告,禁止一切船舶通过南京长江大

桥、二桥、三桥水域，长江南京段全线禁航，直至 11 时 20 分，全线才恢复通航，禁航近 10 小时。板桥汽渡、中山轮渡在部分时段也停止了航行。13 日凌晨 4 点，张家港海事局即发布航行警告，要求船舶就近寻找安全水域抛锚。上午 11 点，江面上能见度达到通航标准，上千条船舶才在监督艇的护航下，经疏导有序出航。13 日早晨 4 时 10 分，南通城内外大雾骤起，1 小时后，能见度已不足 30 米，南通海事局刚刚投运的世界最先进的 VTS 交管系统透过浓雾，在大江上筑起了安全防护网。根据海事部门的指令，通沙、通常、海太、崇海四大汽渡全部封航，长江南通段的所有船舶停航，至下午 1 时 30 分左右，通沙汽渡才恢复通航，部分旅客滞留。

2005 年 2 月 23 日，珠江口和珠江内航道均被大雾笼罩，珠江口桂山锚地附近水域能见度一度下降到了 200 米。23 日 10 时至 17 时，广州市区内 10 条轮渡全部停航，南沙码头、莲花山码头的粤港航线均有延误，数百艘轮船抛锚珠江口，市区轮渡每天的客流量为 5 万人次，估计大约有 4 万人次的旅客出行受阻，大雾也波及了粤港航线。莲花山粤港航线 23 日上午 9 时 20 分和 10 时 30 分出发的航班分别推迟到了中午 11 时 25 分和 11 时 30 出发，涉及旅客 100 多名；南沙客运码头 9 时 30 分的航班也因故延误。24 日早的大雾同样造成珠江航线上的轮渡被迫停航。从早上 6 时 50 分起至中午，广州市 15 条轮渡航线分别按实际情况停航。23~24 日，珠江干线浓雾持续。广州海事局采取了停止办理进出口签证、限速航行等措施。

2007 年 1 月 18 日晚 11 时，由于持续大雾，两艘航行在长江口上海水域的货轮发生碰撞,其中一集装箱货轮沉没,14名遇险船员全部获救。

2008年1月11日,两艘载满乘客的喷射船,分别由香港驶往澳门及由澳门驶来香港途中遇上浓雾,两船于距离澳门约5海里近珠海处相撞,酿成133名乘客受伤,其中19人伤势严重。

2010年1月14日凌晨,因航道大雾影响,一艘运载1450吨煤的机驳船下行至涪陵清溪水域,与上行滚装船相撞。煤船上10名船员被海事部门紧急转移,随后煤船船体沉江。

……

第四节 城市污染雾作怪

在城市中,由于工业化进程的加剧,工厂烟囱和居民炉灶排放的烟尘微粒等污染物越来越多,而这些烟尘微粒,是很好的水气凝结核,这是形成雾的有利条件。

不过,在城市工矿区上空的污染物不仅加重了雾的形成,而且改变了雾的颜色和成分,使浓雾中含有各种酸、碱、盐、胺、苯、重金属微粒以及灰尘和病源微生物等有害物质。

19世纪法国著名的印象派画家莫奈的成名作《日出印象》,便是他当年在英国伦敦威敏斯教堂的多雾天气下创作的。画面上,教堂的哥特式屋顶在云遮雾绕中隐约可见。但这幅极精美的作品展出时,却引来颇多争议,人们都说莫奈画笔下的雾不符合

事实。不过，当人们走出展览大厅，眼前的伦敦大雾让他们豁然开朗——画面上的紫红色大雾真的就呈现在眼前。

莫奈的《日出印象》

莫奈描绘的紫红色雾，正是林立的烟囱排放的烟尘和雾气在阳光作用下形成的。这种烟雾曾使伦敦市民付出了惨重的代价。

1952年12月3日清晨，伦敦气象台报告说，一条冷锋将在夜间通过，中午气温可达到6℃，相对湿度约70%。对于本地来说，这是个难得的好日子。

这一天，北海吹来一股风，吹遍了整个英格兰，将英国中部的工厂和城市居民住房烟囱内冒出来的团团浓烟吹到了九霄云外，空气变得十分清新怡人。

然而，谁也不会想到灾难正悄悄地来临。

傍晚时分，伦敦正处于一个巨大的高压反气旋的东南边缘，较强劲的北风围绕着这个反气旋顺时针吹着。第二天，即12月4日，这个反气旋中心已到了伦敦以西几百千米处，沿着通常的路径向东南方向移动。上午风速变小，云层几乎遮蔽了整个天空。时至中午，乌云把太阳全部遮住，伦敦上空阴霾弥漫，气象台温度表的读数为3.3℃，相对湿度上升到82%。

12月5日，一个异常的情况出现了。伦敦气象台的风速表测出了一个非常奇怪的量度——风速表读数为零。据当时专家的估计，此时风速不超过3千米/小时。整个伦敦处于无风状态，到处都是雾。

浓雾中，多家店铺白天都掌着灯，马路上只有少数有经验的司机开着车灯在行驶。飞机航班已被取消，火车只能缓缓移动，只有地铁仍在快速移动。一些地方能见度在1米之内，人们刚走几步便迷失方向。一位医生要出诊，甚至雇用盲人做向导。

烟雾穿门入室，加速了支气管和心脏病人的死亡，数以千计的居民感到胸口窒闷，并伴有咳嗽、喉

骇人的伦敦雾

痛、心慌、恶心等症状发生。从烟雾发生的第一天起，受烟雾毒害的病人接连不断地被送进病房，哮喘和咳嗽声充塞着整个医院，危重病人临终时的痛苦表情难以言表，尸体不断地被拉走……直至2个月后，恐怖气氛仍然笼罩着伦敦。

大雾一直持续到12月10日方才散去，强劲的西风带来了北大西洋清冷的空气，吹散了伦敦上空的阴霾，也拂去了人们脸上

的阴云。灾难过后，科学家们经过近10年的努力，终于弄清楚了烟雾毒害的原因。煤炭燃烧时释放出的烟尘中含有一种三氧化二铁的粉尘，它使空气中的二氧化硫化成硫酸液滴附在烟尘或雾滴上，一旦被人体吸入，就会产生胸口窒闷、咳嗽、喉痛、呕吐等症状，使支气管炎、肺炎、哮喘等呼吸道疾病的发病率、死亡率成倍增加……

这就是震惊世界的"雾都劫难"。期间，有4700多人因呼吸道病而死亡；雾散以后又有8000多人死于非命。

类似的悲剧并不是绝无仅有。1984年第23届奥运会上，有一只秃鹰突然死掉。当时它正准备参加奥运会开幕式表演。兽医证实，这只鹰患了光化学烟雾诱发的肺尘病、血液中毒和血管破裂。这是一种奇怪的光化学烟雾作祟，最早出现在美国的汽车城——洛杉矶，所以又称"洛杉矶烟雾"。

洛杉矶位于美国西南海岸，西面临海，三面环山，是个阳光明媚，气候温暖，风景宜人的地方。

然而好景不长，从20世纪40年代初开始，人们就发现这座城市一改以往的温柔，变得"疯狂"起来。每年从夏季至早秋，只要是晴朗的日子，城市上空就会出现一种弥漫天空的浅蓝色烟雾，使整座城市上空变得浑浊不清。这种烟雾使人眼睛发红，咽喉疼痛，呼吸憋闷、头昏、头痛。1943年以后，烟雾更加肆虐，以致远离城市100千米以外的海拔2000米高山上的大片松林也因此枯死，柑橘减产。仅1950～1951年，美国因大气污染造成的损失就达15亿美元。1955年，因呼吸系统衰竭死亡的65岁以上的老人达400多人；1970年，约有75%以上的市民患上了红眼病。这就是最早出现的新型大气污染事件——光化学烟雾污染事件。

光化学烟雾是由于汽车尾气和工业废气排放造成的，一般发生在湿度低、气温在24℃～32℃的夏季晴天的中午或午后。汽车尾气中的

洛杉矶光化学烟雾事件

烯烃类碳氢化合物和二氧化氮（NO_2）被排放到大气中后，在强烈的阳光紫外线照射下，会吸收太阳光所具有的能量。这些物质的分子在吸收了太阳光的能量后，会变得不稳定起来，原有的化学链遭到破坏，形成新的物质。这种化学反应被称为光化学反应，其产物为含剧毒的光化学烟雾。

这类化合物同水蒸气在一起，在适当的条件下便形成了这种带刺激性的浅蓝色烟雾。且生成后活动性极强，如风、如云，光化学烟雾在任何一片空间都可以安家。

我国兰州西固地区自1974年以来，每年出现一种特殊的大气污染，这种污染刺激人的眼睛和呼吸道，伤害树木和农作物，造成严重的环境污染问题。我国环保工作者1981～1984年对此进行了专题研究。他们发现污染的原因是二氧化硫等造成大气一次污染；臭氧、光化学烟雾造成大气二次污染。由于大气受到严重污染，所以当有太阳照射时，便形成不同颜色的烟雾。

纵观世界，烟雾正像一个现代化瘟疫在许多城市中泛滥。据报道，雅典每天死亡的人中有8个是受烟雾的毒害而致。由于大气烟雾污染有增无减，布达佩斯的丽姿正在消退；匈牙利一家通讯社报道说，由于烟雾，在这个城市的闹市区漫步一个小时，吸

入肺部的燃烧生成物相当于吸一包香烟。

城市中的烟雾

是什么原因致使大雾对人们如此放肆？

首先，大气被有毒烟尘的大量排放所污染，包括工厂废气、汽车尾气、家用炉灶及取暖设备所排放的废气。此外，自然界中森林火灾带来的烟尘，火山喷发带来的火山灰、二氧化硫，干燥地区大风刮起的沙尘等，都是造成大气污染的基本因子。

其次，大气自然净化能力亦弱，形成毒雾。绿色植物中落叶乔木和草类在冬初纷纷萎谢，温度常绿树种也进入闭藏阶段，植物吸收大气中有害污染物、净化空气的能力大大减弱，加之成雾之时大气的流动变弱、难以把低层大气中的有害污染物与周围的空气混合稀释，使浓度降低；再者，冬日陆地上辐射逆温、下沉逆温和地形逆温较易产生，大气在逆温条件下处于稳定状态，严重影响了有毒污染物的垂直扩散，从而在一定范围内形成有毒污染物在低层空间高浓度滞留，使之成为充沛的成雾凝结核。空气中如果有充足的水汽，就会形成含有大量有毒污染物的冬雾。

雾失楼台

人类生存时刻离不开空气。如果大气被污染了，污染物进入人体，就会造成危害。雾气伤人，早在古医书的《金匮要略》中就有记载："清邪居上，浊邪居下，大邪中表，小邪中里……"书中的"清邪"，即指清晨浓雾。由此可见，华夏先贤对雾气伤人早已有所论述。尤其是今日，随着工业生产的蓬勃发展，更加剧了大气的污染，雾气伤人比古代严重得多。

20世纪80年代，美国纽约州立大学的科研人员通过定点多次采样监测表明，雾水的酸度要比雨水的酸度高出10~100倍。

雾滴中的酸性物质绝大部分是人类活动向空中排放硫而造成的，如燃料燃烧时产生的烟气，工业生产时排出的废气，交通车辆、轮船行驶时排出的尾气等等，但也有一小部分是来自大自然的，如海水蒸发、动植物腐败散发出来的酸性物质等。

大气中的这些酸性物质在一定的气象因素和阳光的作用下，可以扩散到很远的地方。据环保科研部门的监测表明，大气中还常存在二氧化硫、三氧化硫、硫酸雾、氮氧化物、飘尘、一氧化碳等污染物。因为雾是由悬浮在近地面的液态气溶胶组成的，故离地面越近，附着的各种污染物、细菌和病原微生物等就越多。科研部门测定表明，雾滴中还含有各种酸、碱、盐、胺、酚、病原微生物和各种有毒有害物质。

大雾对人们身体健康的危害性是显而易见的，特别是工矿企业集中的城市和近郊的冬雾，毒性较农村更大。一个成年人每天要吸入12立方米约15千克的空气，在55~70平方米的肺泡面积上进行交换，其浓缩作用很强，而且整个呼吸道富有水分，对有毒污染物黏附、溶解、吸收能力大，感受性强，导致诱发多种呼

吸道、心血管疾病，同时对心、肝、肾和造血器官也造成不同程度的危害，加速死亡过程。而大雾正是一种在气象因素掩盖下的含高浓度有毒污染的潮湿空气。

故每当浓雾弥漫之时，人们切莫到室外进行体育锻炼，特别是患有心血管疾病、慢性支气管炎、支气管哮喘的老年人更应暂停到室外晨练。

在雾天里，空气中悬浮物很多，患者尽量少出门，减少与过敏源的接触，外出时要戴上口罩，

当出现雾、霾天时，公众最好不要在外健身和晾晒衣物，外出时采取防范措施，尽量戴口罩

这是减少呼吸道刺激的最简便有效的方法。锻炼应避开早晚等雾气较浓的时段，选择公园、郊外等空气新鲜的地方。哮喘和慢性支气管炎病人还可在专业医师指导下提前用药，合理治疗，有助于预防和减少原有疾病的发生。在饮食方面，宜选用清淡易消化，且富含维生素的食物。多饮水，多吃新鲜蔬菜和水果，这样不仅可补充各种维生素和无机盐，还有润肺除燥、祛痰止咳、健脾补肾养肺的作用。

雾天心脑血管病人不宜做运动，尽量减少外出，避免活动时增加耗氧量和冷空气刺激。注意头部和手、脚的保暖。外出锻炼应等到太阳出来、雾气消散之时，每次活动在45分钟为宜。

第五节　雾对其他行业的危害

破坏电力设施

浓雾中由于空气湿度大，且含有较多的污染物质，很容易在输变电设备的表层结露，致使该设备绝缘能力迅速下降，当超过其抗污能力时，就会出现线路闪烁、微机失控、开关跳闸，从而发生停电、断电故障，影响工农业和其他各行各业生产和人们生活用电，造成严重经济损失和政治影响。如：

1989年1月7日，雾闪使上海周家渡、港口两座22万伏变电站发生短路事故，浦东和港口地区全部停电数小时。

1990年2月16至19日，北京电网发生严重的大面积雾闪事故。仅16日和17日两天，华北电网往北京供电的8条高压输电线路中，就有3条500千伏和3条220千伏的高压输电线路相继掉闸断电，只剩2条220千伏的线路勉强支撑。同时市内电网也有12条220千伏和17条110千伏高压线路先后掉闸断电，8个枢纽变电站发生故障。

2001年2月22日，辽沈地区发生了50年来最严重的停电事故，直接起因是雾闪灾害。这次停电事故几乎使沈阳市陷入瘫痪状态。沈阳的市区郊县停电面积近80%，市内绝大部分地区断

水，机场关闭，火车停运，医院停诊，电台停播，报刊停印，工厂停产，交通事故不断。

危害农业

雾对农业生产也有不利影响。长时间的大雾遮蔽了日光，妨碍了农作物的呼吸作用和同化作用，使作物对碳水化合物的储量减少，农作物就变得衰弱了。来自日光的紫外线因雾滴而减少，容易使作物受病虫害的危害。多雾的地区，日光照射时间不足，会使作物延迟开花，生长不良，从而影响或减低产品的质量和产量。

新疆维吾尔自治区拜城县蔬菜大棚就曾遭受浓雾灾害。从2004年11月30日~12月23日，拜城县一直处在浓雾包围之中，持续半个多月的罕见浓雾天气使设施农业受灾严重，其中拜城镇、康其乡最为严重，蔬菜大棚里的西红柿、黄瓜等蔬菜均死亡。全县1000多亩日光温室大棚有1/3受灾，根据估算，直接经济损失超过200万元。

山东半岛沿海，5~6月间正值苹果和小麦的生长旺季，若遇上持续性的大雾天，容易造成小麦锈病，使其减产；频繁而长时间的海雾，还会使好端端的苹果上长满一层雀斑，列为次品。

世界上绝大多数的大渔场都位于冷暖洋流交汇的水域，而这些水域又是多雾区。正因为如此，渔汛期间，渔船云集，恰逢海雾频繁出现，时常给渔船的安全和生产带来影响。近海的水产养殖也时常因浓雾影响太阳辐射，使海水透明度变坏，给生产造成损失。

　　雾对林木等各种植物的危害也是明显的，以酸雾尤甚。酸雾还能夺走马尾松针叶中的正负离子，破坏叶绿素；针叶上的雾滴还堵塞气孔，影响气体交换、叶片蒸腾等。研究表明，重庆地区酸雨和酸雾分布和马尾松林衰亡程度的分布都是十分一致的。对马尾松林来说，酸雾的危害甚至比酸雨还重。

雾对山中的林木有危害

　　有一种发生在夏季热雷雨后和几天内上午 10 时前后潮湿（或有浅积水）地面上的蒸发雾，人们称之为"火雾"。火雾可危害蔬菜和果树，使之变黄，果子脱落；火雾可使棉花落花，落铃；小麦遇火雾，可被致死。

对城市建筑的影响

　　城市气候学指出，大城市的热岛效应使城区的空气相对湿度偏低，不过城市中吸市湿性烟霾污染微粒却是很好的水汽凝结核，这种含有大量二氧化硫等的污染气体，与水汽结合形成的酸

大雾对建筑业有影响

雾，对建筑有很大的腐蚀作用，如罗马等欧洲、美洲城市的建筑浮雕、石雕、铜像等，长年受到腐蚀，面目变色、变脏，甚至轮廓不清晰。

第8章

人工影响天气的新课题
——雾的消除和利用

如前所述，雾给人们带来了许多危害，人们似乎对它唯恐避之不及。那么，是否可以用科学方法来消除和利用雾呢？答案是肯定的。我们了解了雾的形成过程，针对这些过程，可以进行人工消雾和对雾水资源的利用和开发，让雾造福人类。

第一节 人工消雾

人工消雾，是人工影响天气的新课题。一些气象专家在研究了雾的出现规律后，已经能够准确地预报雾的出现时间，并经过多次试验，发现、发明了有效的防雾、消雾措施。现在，全世界已有近百个机场安装了防雾、消雾设备。

从人工消雾的观点出发，气象科学家把雾分成过冷雾及暖雾。过冷雾是温度在0℃以下的雾，简称冷雾。实验发现，冷雾易消，效果也好，技术方法已基本成熟。而消除暖雾却比较棘手，需要花更多的费用，而且效果也不尽理想，更好的方法尚在研究中。

消冷雾的主要根据是"贝吉龙过程"。贝吉龙是瑞典气象学家。他在1933年提出了"冰云和水云混合产生降水"的著名理论。事实正是这样，在云雾中必须要有"冰核"，水汽才能以它为核心凝华成冰晶或促使云滴冻结成冰晶，冰晶长大后降落下来。而大气中直到-10℃这类冰核还很少，一般到-20℃左右冰晶才逐渐增多。当然也有个例，一直到-30℃甚至接近-40℃还是过冷水滴的，这决定于空气中是否有相应的冰核。如果温度低于-40℃而湿度达到100%，水汽会直接凝华成冰晶，而不再需要冰核了。在云雾物理学上，这种现象称为"均质核化"。

冷雾中如果出现冰晶，雾中水汽又保持在饱和状态，冰晶就

会很快长大落地而使水滴消失，雾也就消散了。但如果雾中没有冰晶，一时雾也消散不了，是否可以用人工方法把冰晶加入雾中使雾消散呢？这正是人工消雾的基本原理。

1946年11月，美国科学家谢弗从一架小飞机上沿航线播撒一定量的干冰，5分钟后，部分云层出现了雪幡。这是人工影响天气的第一次成功试验。

干冰就是二氧化碳气体在温度为78.5℃时凝结成的固体。当把干冰颗粒撒在云雾中时，和它接触的云雾中水汽的温度会降低到-40℃以下。这样，水汽就会凝华成很多极小的冰晶，这些极小的冰晶又会在云雾中很快长大成雪花降落到地面；若在雾中落下，则会使雾消云散。

科学家们把最初生长的极小冰晶称为"冰胚"，意思是说，它是大冰晶或雪花的胚胎。经试验，干冰产生冰胚的效率极高。如把干冰均匀地撒到过冷雾中，就可消除相当大面积的冷雾。此后还发现，不光是干冰，凡是可以使云雾中温度降到-40℃以下的物质或方法，都可以使过冷云雾产生大量冰晶。例如：丙烷喷出后，其中心汽化温度可低于-70℃；液氮可使温度低到-196℃。丙烷的消雾功效被认识后，曾被普遍用做机场消雾致冷催化剂。

干冰

如今，人工消除冷雾的技术方法已日臻成熟。美国在阿拉斯

雾失楼台

加用人工消除冷雾,保证了736架飞机降落和686架次起飞。俄罗斯在莫斯科伏努科机场消冷雾的成功率达到80%,保证了284架次起飞和143架次降落。

长期"驻扎"在成都双流机场的中国气象科学研究院人工影响天气研究中心多年来进行消雾试验,效果十分明显。1987年12月15日清晨,双流机场浓雾笼罩,能见度不足30米,迫使从成都飞往拉萨、上海、广州等地的航班停航。从9时10分开始,研究中心开始应用车载热力消雾系统进行消雾,发动机喷射出650℃的高温气体,场地内很快出现了高温区,随着热气流的扩散,雾滴很快蒸发。2分钟后消雾面积大于6000平方米。

机场进行人工消除冷雾技术相对成熟

我国首都国际机场也装备了流动消冷雾设备,并进行了多次人工消雾试验,也取得了成功。1991年2月1日16时26分,浓雾笼罩阿拉木图机场,水平能见度只有400米,垂直能见度仅50米,飞机无法起降。机场决定进行人工消雾。工作人员在飞机跑道1~1.5千米的上风方向设了20个液氮发生器,喷洒液氮。25~30分钟后,跑道的西南部分能见度转为700米,逐渐形成了

扇形消雾区。22时，跑道上能见度达到1100米，飞机可以安全起降。

但是人工消除冷雾并非在任何情况下都能奏效，仍然会遇到一些问题：①播撒丙烷、干冰或碘化银等物质的费用非常高昂；②近地面层辐射雾的厚度如果不大于20米，则水平面上达不到较大范围内冰晶优化的条件；③液滴雾相当厚，却往往受强逆温层条件的限制；④冷雾在静风条件下可以维持，冰晶增长缓慢。

例如1987年10月22日，莫斯科已经是连续4天浓雾蔽日了，据当地气象台的资料，这种反常天气是107年里所未有的。早晚的时候，莫斯科市内某些地段的能见度仅20～30米。到第三天，苏联已有1000个航班的飞机因大雾而停飞。莫斯科的4个机场以有588个航班停飞。候机的旅客超过4万名，其中半数是过境旅客，他们无处可以夜宿，都聚集在机场旅馆或候机楼里，飞向莫斯科的飞机不得不降落在数百里之外的列宁格勒等机场。

在莫斯科出现的这场浓雾持续了近10天，雾层很厚，又浓密，覆盖范围很大。虽然机场有人工消雾设施，但遇到这样持久的浓雾，现有的人工消雾设施也无能为力，可见冷雾对航空运输的影响也是很大的。

相对于冷雾来说，暖雾的人工消除是一个比较困难的课题。不过，经过科研人员多年的研究也取得了良好的进展。

1987年12月我国气象工作者在成都双流机场，经过多次消暖雾试验，解决了消暖雾的工程技术难题，终于获得成功。

1987年12月25日清晨，双流机场被浓密的大雾笼罩，能见

雾失楼台

度小于30米，迫使从成都飞往拉萨、上海、广州等地的飞机停航。

就在这个时候，机场气象站西侧的观测场地上气象科技人员正在忙着进行雾的探测和消雾试验。

红色的系留气球上悬挂着现代化的探测仪器，在雾中徐徐升起，气球很快被雾层遮住，肉眼看不见了。随着它的上升，每10秒发回一组信息，传给地面接收机，再由计算机输出气球所在高度上的温度、湿度、露点、风向、风速和雾的厚度。地面观测记录给出当时气温为5℃，说明是暖雾。

雾的微物理结构观测也在进行着，观测员应用雾滴取样器正在取样，然后又在显微镜下读出雾滴的直径为10微米，并计算出含水量为0.3克/立方米，雾滴浓度为100个/立方厘米。

消雾的科技人员参考这些测量数据确定了消雾方案。12月25日9时10分，工作人员应用热力动力消雾系统（简称热动消雾系统）开始消雾，热动消雾系统的发动机被启动，高温气体立刻由发动机口喷出，温度为650℃的场地内很快出现了高温区，随着热气流的扩散，雾滴受热迅速蒸发，雾由近到远逐渐消散。

早已设置在消雾场地内的各种监测仪器，记录了雾的演变情况，透明度仪显示出雾消散过程的记录曲线。照相机、录像机摄录了消雾场地内雾的消散实况。两分钟后消雾面积大于6000平方米，能见度由消雾前的30米改善到260米。各种数据表明人工消雾获得了成功。

而在国外，20世纪80年代法国巴黎的两个机场装备了先进

的消暖雾设备，供业务使用。

现代化的大中型民航客机起飞和着陆时，要求能见度需大于1000米。为了飞机能在有雾时安全起飞或降落，需要4~5台消雾发动系统组合起来工作。如果清除浓雾作业持续时间十几分钟，就能够有3~4架次飞机起飞或着陆。耗资最多1000元左右，但取得的经济效益可达十几万元。

既然这种热动消雾系统能够成功地清除机场跑道上的雾层，同样也可以用于清除江面上的雾。我们设想，如果在上海浦东陆家嘴等轮渡站安装这种消雾系统，就能够驱散5000~6000平方米的雾层，各种业务工作将正常进行。若轮渡船上安装消雾系统，就能够驱散航行前方江面上的雾，使目测能见距离达到100~200米，渡船即可定时安全往返于两岸之间，顺利完成正常的轮渡任务。这种热动消雾系统同样可以在高速公路被浓雾覆盖而出现严重交通事故时使用。

雾中的街道

雾失楼台
WU SHI LOU TAI

如今，人们还在不断研究探索中发现了其他消雾方法，比如利用声波、超声波、带电粒子等，但都处于实验室阶段，不能付诸实用，尚需科研人员继续努力。

总之，经过不断探索，人工消雾的技术手段将日趋成熟和丰富。随着科技的发展、社会的进步，该项工作将得到越来越广泛的重视和利用。

第二节　雾水资源的利用和开发

淡水资源的短缺是当今世界许多国家面临的一大生存环境问题。有些偏远地区常年干旱少雨，既不靠河又不靠湖，地下水很深，难以打井，以至于人畜饮水和人们生活最必需的用水都无法保证，这就形成了水荒。

解决水的危机，既要节流，更要开源。开发新的水源，如海水淡化等，已引起了许多国家的重视。除了向海洋要水外（我国拥有1.8万多千米的海岸线，海洋面积约有300万平方千米），大气已成为重点开发的对象。

气象科学家们认为，大气是一个天然水库。地球表面约有30%被云层覆盖，一块不大的积云，所含的水分达10万~100万升。人类早在20世纪40年代中期就采用人工降雨的方法向大气要水。

其实，除了云以外，我们熟悉的雾也是极具开发价值的对

人工降雨

象，它是由大量悬浮的小水滴或冰晶构成的。雾也可以说是水的同质异态物，可以直接转化为人类生产和生活所需要的淡水。捕雾取水成为当今许多国家和地区，特别是干旱的山区、海港地区及海岛等解决淡水不足的重要途径。一门新的技术体系——"雾水工程"正在兴起。

雾也被称为隐性降水，收集雾水就是要把隐性降水变为显性降水。雾滴的直径很小，一般只有 1～40 微米。如果能利用一种物质做媒介，使雾滴经过碰撞变成水滴下流，就可以收集加以利用了。

科学家们研究发现，雾水工程的原理其实非常简单。雾是由密度很大的细小水珠组成的，可以吸附在各种物体的表面，遇冷就会结成大的水球，凝聚成水。为了从雾中大量取水，采用散热快的金属如铝，制成表面光洁的圆筒，竖立于多雾的空气中，其表面附着的雾很快便凝聚成水，不断地往下流，源源不断地生成淡水。在沙漠地区和一般性陆地，晚上湿度大，而在海岛及海洋中，白天、晚上湿度都很大，均可因地制宜利用这一原理从雾中取水。

让我们来看看世界各地是如何收集雾水的。

在智利北部一个叫楚功沟的小渔村，年雨量很少。1987年，智利大学和加拿大合作，在这个村附近——距海岸仅0.5千米的山坡上搞了一个收集雾水的项目。他们将一张长12米、宽4米的大网用几根柱子支撑，垂直地竖立在地面上，面对着向风方。网的顶部距地面6米高，网下有2米是空的，但有一水槽，可以把网上流下的水引向一个蓄水池。这种网是由聚丙烯丝织成的，双层，网眼很小，网丝约1毫米粗细。从1987～1992年，他们从75张网上平均每天收集11立方米的水，然后把水引向山下的村子里。全村340人，平均每人每天可得水30升，村民的生活质量由此而大大改善。

这种网具有抗紫外辐射功能，其价格是每平方米0.25美元，约相当人民币2元，可用10年，现在在英、美等许多国家的市场上均可买到。总的说来，这种方法简单易行，价格低廉，实用性强，确实能解决当地居民的实际困难。可以说，它是一种不用

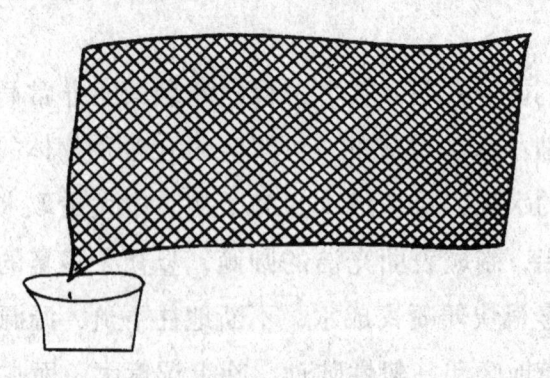

用网从雾中集水

飞机、高炮的人工"降雨工具",也是一种有效利用气象资源以造福人民的实例。

秘鲁为开发雾水资源,在西海岸利马(首都)以北105千米处拉奥罗亚和利马以南602千米处阿雷基帕设立了两个雾水收集站。雾水收集器是用尼龙网制成的,网上的小孔是1毫米×1毫米大小,面积4.5平方米。尼龙网支架下边有一个大铁盘收集雾水,经过小管流入自记雨量计中,即可测量出收集了多少雾水。两个雾水站收集雾水最多一年是1988年5~8月期间。在拉奥罗亚收集雾水1336.2升,换算出雨量为296.8毫米,在阿雷基帕收集雾水742.5升即165.1毫米雨量。

在西班牙,科学家发明了一种可使沙漠变良田的人造树。这种人造树的枝叶皆由吸水性很强的酚泡沫塑料制成,树干由多层密度不同的聚氨基甲酸乙酯塑料制成。将这种树"种植"于雾区,由于酚泡沫塑料吸水性能非常强,与雾的接触面积又很大,散热很快,所以吸附的雾和凝聚的水分相当可观,这些水分通过树干渗入沙漠中。沙漠地区白天空气干燥,水分便可通过树、树枝蒸腾出来,使周围的空气湿润,温度降低,甚至能形成冷空气团和云,出现降雨。据专家们分析,大量"种植"这种人造树,几年内可使沙漠地区的生态大为改善,有可能成为绿洲。

我国黄山有个景区,叫做"妙笔生花"。这是一块矗立的高岩柱,看起来同毛笔相似。在笔尖上长了一棵松树,形成了一个美丽的画面。这里常常云雾缭绕,这棵松树的成长,主要依靠的也是雾中水源。

雾失楼台

雾中的"妙笔生花"

在湖南张家界有不少片状岩叠成的直立石峰，峰上郁郁葱葱长满了树木，非常好看。这些树木的生长，同"妙笔生花"一样，靠的也是雾中水源。

湖南张家界

庐山雾日较多，雾中含水量也比较丰富，浓雾可达 1～3 克/立方米。浓雾出现可持续 30 小时之多。在山上生活和工作的人们都有这种感觉，在雾中行走时头发和眉毛都出现水珠。在松

柏树下停留时，就能看到雾水滴从树枝上掉下，时间长了，衣服都变湿了。这是浓雾的微小水滴，沉降在松柏叶上，逐渐积累、汇集在一起，从叶面上流下，宛如雨滴。庐山林场的工人们按照专家提出的方法，把多个木盆放在松柏树下，一夜之间就有20～30千克的雾水落入盆中，可以用来解决局部云雾茶和蔬菜的需水。

庐山的松柏

各地收集雾水的实效有所不同，与雾的出现频率、浓度、风力大小有关。有的地方因季风关系，雾的季节性很强，当地就利用这种方法植树造林，也能取得比较好的效果。

必须说明的是，不是有雾的地方都可以收集雾水。一般而言，收集雾水多在高山经常云雾缭绕、风力较大的地方，海岛以及沿海几千米之内的山坡上等等。这种能收集雾水的雾，多属平流雾或地形抬升雾。至于平川地区的辐射雾，太阳一出，雾就消散，是无法收集的。此外，平川雾滴含水量少，含杂质多，即使能收拢，水质也不会好。

科学家们认为，雾水工程近期可为干旱、沙漠地区以及海岛解决饮用水不足问题，从长远来看是人类解决水危机的一条重要途径。

总之，经过不断探索，向大气要水的"雾水工程"已经从无到有、日趋成熟和丰富。随着科技的发展、社会的进步，该项工作将得到越来越广泛的重视和利用。

第四章

美轮美奂

——雾景资源

提起大雾，人们通常想到的是它带来的一些危害。但是，与其他天气现象一样，雾也并非一无是处。由雾塑造出的自然美景，已经成为重要的旅游资源。无论是高山地区千姿百态的雾霭风光，还是云雾山中出产的名茶，亦或令人心惊神摇的北国雾凇，都会让我们对雾有新的了解和认识。

第一节　迷人的高山雾霭风光

峨眉山云雾

峨眉山的云雾久负盛名，不仅特别多，而且特别浓。峨眉山的云海，是由低云组成的，上半年以层积云为主，下半年以积状云与层积云相混合的云居多。

在所有名山中，峨眉山云雾之多雄居榜首，其雾日年平均为322天，最多可达338天。这里的云海比较独特，著名的七十二峰，大多在海拔2000米以上，峰高云低，于是映入游人眼帘的，便是云海中时隐时现的座座岛屿，云腾雾绕，宛若佛国仙乡。

游客上山无论步行还是乘车，往往都可以清楚地感受到云雾

峨眉山云雾

的区别：在九老洞以下，云在头上；从九老洞到洗象池，人在云中；上了洗象池至金顶，云在脚下。在金顶观云海，与在飞机上凭窗而视，感受完全不同。站在金顶，只见云涛汹涌，状如大海；时而浓云涌来，人在其中，伸手莫辨；时而云开雾散，上下天光，一碧万顷。

诗人赵朴初"天著霞衣迎日出，峰腾云海作舟浮"就是这一景致的绝妙写照。夏日的峨眉山，在云雾里若隐若现，犹如西子娥眉颦锁，更增添了几分妩媚。无怪乎人们要在这"秀绝天下"的名山中流连忘返了。宋人有一首《卜算子》，其上半阕云："水是眼波横，山是眉峰聚。欲问行人去那边，眉眼盈盈处。"借用来形容此情此景，可以说是惟妙惟肖。

峨眉山的许多佛寺都冠上了一个"云"字，如臣云庵、白云寺、集云寺、卧云寺、归云寺……它们全都隐没在白云深处的"银色世界"里。而这些胜景大都与云雾有关。大自然中的水汽本来就是变幻无穷的，在峨眉山特殊的地理环境下就更加显得绚

峨眉山云雾

丽多姿了。

先说"洪椿晓雨"。由清音阁沿黑龙江上溯，两岸悬崖陡壁，栈道蜿蜒其间。有时途中遇到山雨，人们就在烟雨升腾的峡谷中穿行，尽得"搜奇剔隐"的佳趣。

这里水汽条件本来就很丰富，再加上峡谷地形有利于上升运动，水汽在抬升过程中冷却而凝结成云雾，缭绕山间。游人身在云雾中，便感到似雨润身了。

到了洪椿坪，又是一番景色。洪椿坪以寺旁大椿树而得名，但更有特色的是这里的山雨。洪椿坪位于黑龙江峡谷的上端，清晨微雨初雾，巍峨的群山，清新的空气，更加使人心旷神怡。与那架叹为观止的"千佛莲灯"一样，"洪椿晓雨"也是峨眉山一绝。

更绝的要数金顶祥光。金顶、千佛顶、万佛顶三峰并峙，犹如笔架一般。东临悬崖，峭壁高达2000米，直落崖下平川。这种得天独厚的地势便形成了峨眉山特有的"海底云"。虽然同是由水汽抬升凝结而成云雾，但是洪椿坪位于峡谷之中，而金顶则雄踞高山之巅。因此，在金顶环顾四周，但见白云茫茫、波起涛涌，好像大海汪洋。游人宛如置身于海中孤岛一般。

在"海底云"下多有降雨的可能，而在云雾之上则往往有阳光照耀。当游人站在睹光台上，前有"海底云"，后有太阳光，在这些云雾水滴的孔隙中便会发生光的衍射作用，从而产生内紫外红的彩色光环，色带排列正与虹相反。太阳光可把人影映于光环之内，人行影亦行，人舞影亦舞，于是乎一些游人就飘飘欲仙。"佛光显圣"之说正是由此而起。

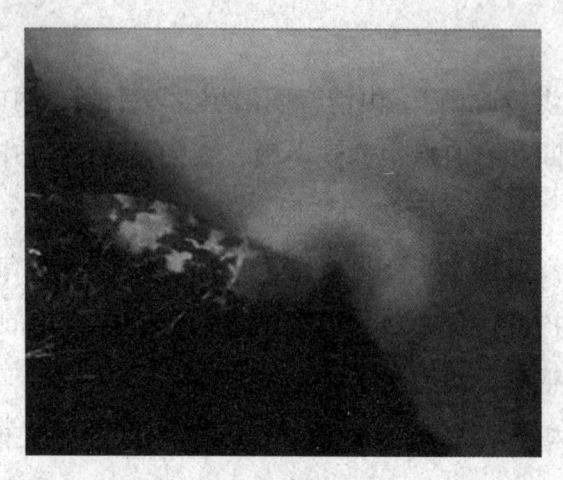

雾失楼台
WU SHI LOU TAI

峨眉山金顶佛光

国内其他一些名山，如千山、泰山和黄山，都有日出和云海雾景。唯独"佛光"一景，却以峨眉山为最佳，再加上宗教色彩的附会，故文献上称它为"峨眉宝光"。

舍身岩下，为峨眉山年代最久、规模最大的灵岩寺遗址，因地处偏僻，故人迹罕至。但由此仰望灵岩（即舍身岩），万仞绝壁，现于云雾中，实为峨眉胜景所在。

黄山云雾

自古黄山云成海，黄山以峰为体，以云为衣，其瑰丽壮观的"云海"以美、胜、奇、幻享誉古今，一年四季皆可观，尤以冬季景最佳。依云海分布方位，全山有东海、南海、西海、北海和天海；而登莲花峰、天都峰、光明顶则可尽收诸海于眼底，领略"海到尽头天是岸，山登绝顶我为峰"之境地。

大凡高山，可以见到云海，但是黄山的云海更有其特色，奇

峰怪石和古松隐现云海之中，就更增加了美感。据气象部门资料统计，黄山的年雾日达255.4天，水气升腾或雨后雾气未消，就会形成云海，波澜壮阔，一望无边。黄山大小山峰、千沟万壑都淹没在云涛雪浪里，天都峰、光明顶也就成了浩瀚云海中的孤岛。阳光照耀，云更白，松更翠，石更奇。流云散落在诸峰之间，云来雾去，变化莫测。

黄山云雾

风平浪静时，云海一铺万顷，波平如镜，映出山影如画，远处天高海阔，峰头似扁舟轻摇，近处仿佛触手可及，不禁想掬起一捧云来感受它的温柔质感。忽而，风起云涌，波涛滚滚，奔涌如潮，浩浩荡荡，更有飞流直泻，白浪排空，惊涛拍岸，似千军万马席卷群峰。待到微风轻拂，四方云慢，涓涓细流，从群峰之间穿隙而过；云海渐散，清淡处，一线阳光洒金绘彩，浓重处，升腾跌宕稍纵即逝。云海日出，日落云海，万道霞光，绚丽缤纷。

深秋，红树铺云，成片的红叶浮在云海之上，这是黄山罕见

雾失楼台

黄山云雾

的奇景。北海双剪峰，当云海经过时为两侧的山峰约束，从两峰之间流出，向下倾泻，如大河奔腾，又似白色的壶口瀑布，轻柔与静谧之中可以感受到暗流涌动和奔流不息的力量，是黄山的又一奇景。

玉屏楼观南海，清凉台望北海，排云亭看西海，白鹅岭赏东海，鳌鱼峰眺天海。由于山谷地形的原因，有时西海云遮雾罩，白鹅岭上却青烟缥缈，道道金光染出层层彩叶，北海竟晴空万里，人们为云海美景而上下奔波，谓之"赶海"。

黄山云雾

更神奇的是，由于雾的存在，有时在黄山，还能看见气象学上称之为宝光的现象。当太阳升起或落下去时，站在玉屏楼旁或北海宾馆前的山顶上，太阳对面的山谷又正好有云有雾，这时阳

光将你的影子投在前面的雾幕上，你就出现在七彩光环之中，你动影亦动，你停影亦停，如"仙人"一般。

黄山云雾

由于云雾的多变，使美丽的黄山风景，永远没有重复的时候。飞来石、鹦哥石、孔雀石、天鹅石、石猴观海，云雾烘托，惟妙惟肖。云雾中，迎客松、接引松、竖琴松、飞龙松、梦笔生花，自然精灵，苍劲坚忍；云开雾散，人字瀑、百丈泉、翡翠池、高山天池，清鄰欲滴，秀色可餐。光帚破晓、云海日出、东海之波、西海晚霞，神功造化，如梦如幻。这云雾，时而一片汪洋，时而推波涌浪，时而像奔泻千里的急流，时而似悬挂山涧的瀑布，没有一刻消停的时候，把黄山点缀得美轮美奂。

鸡公山云雾

鸡公山位于河南南部，主峰报晓峰像一只引颈高啼的雄鸡，四周云雾像翻腾的波涛，山上的松林翠竹、欧式别墅，在云雾中若隐若现，如仙境般美丽诱人。

雾失楼台

鸡公山还是我国著名四大避暑胜地之一，与江西庐山、浙江莫干山、河北北戴河齐名。同其他名山大川相比，鸡公山显得很袖珍。主峰海拔814米，如一座点缀在豫南大地上的盆景。但山不在高，有仙则灵，鸡公山自有它独特的魅力，要不怎么会把游人诱惑得如痴如醉？我国的名山大多开发较早，在古代就很有名，而且有很多是佛教或道教圣地，而鸡公山是20世纪初才发展起来的，距今不过百年历史。但因其风景秀丽，很快便声名远播。这里山势奇峻，泉清林翠，气候凉爽，交通便利，故一经发现，很快便成了游人钟情的风水宝地。

鸡公山地区雨量充沛，植物繁茂，是一个混合型的自然植物园。夏秋到鸡公山游览，站在报晓峰俯视，往往能看到云海壮观：沟沟壑壑，云蒸霞蔚，云雾一会儿像平静的大海，一会儿像翻滚的狂涛，陡峭的山峦、青翠的松林、茂盛的竹海、典雅的别墅，全在云雾中漂浮，如仙境般美丽迷人。

鸡公山云雾

衡山云雾

衡山，又名"南岳"，为我国著名五岳之一，位于湖南省中南部湘江畔，迤逦绵亘，气势磅礴。衡山共有72座峰，以祝融、紫盖、天柱、芙蓉、石禀五峰最高。其中，主峰祝融，海拔1290

衡山云雾

米，雄踞绝顶，是观云望雾的好地方。

这里，春云似烟，夏云如海，秋云若纱，冬云朦胧，五彩斑斓，景象万千。

云雾轻时，苍松荡晃，山峦潜影，若隐若现，影影绰绰，似观淡雅山水画；云雾浓时，山林茫茫，天地蒙蒙，头上飘云，足上涌雾，荡于胸前，流于指隙，令人不分南北，不辨高低，似有腾云驾雾、飘然欲仙的感觉。

无怪乎古往今来的文人墨客，都爱咏赞衡山云雾。唐朝韩愈的"喷云泄雾藏半腹，虽有绝顶谁能穷"；明朝方勉的"行尽千山与万山，衡山更在碧云间"；清朝黄本骐的"衡峰崔嵬云蓬蓬，蟠云出没如飞龙"；还有谭嗣同的"身高殊不觉，四顾仍无峰，但有浮云渡，时时一荡胸"。这些脍炙人口的著名佳句，更给衡山锦上添花，使衡山获得"五岳独秀"的美称！

人们常说："云为空中之雾，雾为地面之云。"其实，云和雾都由空气中水汽凝结成的细小水滴悬浮聚合而成。除了高低之分外，没有本质差别。据衡山高山气象站观测记载，衡山多

雾失楼台

WU SHI LOU TAI

衡山云雾

年平均雾日为252天，多者达281天。春季里，雾日每月在25天左右，有时一月之间，天天有雾。如果和湘北洞庭湖平原地区年雾日15天相比，竟是它的17倍。就是以雾多著称的我国重庆和英国伦敦（90～100天）与衡山相比，也是小巫见大巫了！

衡山云雾为何如此之多呢？原来，空气中水汽凝结成云滴或雾滴，其条件有两个：一个是凝结核的存在；第二个是水汽必须达到并超过空气所能容纳水汽的限度，进入过饱和状态。一般说来，空气中凝结核是不缺乏的。因此，增加水汽含量，使空气进入过饱和则是成云致雾的关键。

衡山云雾

衡山地处江南，北倚"横亘八百里"的我国第二大淡水湖——洞庭湖，空中水汽十分充沛，气候湿润，年平均相对湿度为85%，年雨量达2074毫米，相当于海南省的降

水量，属于典型的亚热带季风湿润气候。

此外，空气容纳水汽的本领和气温的高低息息相关：气温越高，容纳水汽越多；气温越低，容纳水汽越少。据专家们测定，每立方米空气在-30℃能容纳水汽0.33克，在0℃时能容纳水汽4.9克，在30℃时能容纳水汽30.4克，几乎是-30℃的100倍！

衡山山高气温低，全年平均气温11.3℃。7月平均气温21.5℃，1月平均气温0.1℃，比洞庭湖平原一带低5~7℃，相当于地理位置向北推移6~8个纬度。气温低，空气容纳水汽本领小，容易达到饱和，因此，多余水汽逐渐凝结，形成云雾，悬浮空中，缭绕山头，为衡山增色生辉。

其实，生活中高山多雾者并不罕见。许多名山都可以和衡山媲美。但是，衡山因位置偏南，太阳辐射强烈，云雾来往迅速，变幻无穷，并和当地繁茂的植被、俊秀的山峰交相辉映，相衬成趣，因而就使衡山云雾显得尤其婀娜多姿了。

九华山云雾

素有"东南第一山"之称的安徽省九华山，唐代以前叫九子山，主峰天台海拔1323米。自从唐代诗人李白写下"昔在九江上，遥望九华峰，天河挂绿水，秀出九芙蓉"的赞美诗句后，才易名九华山。

"银海轻浮碧空寒，荡风平却石栏干。恍若五色蜃楼起，不羡蓬莱阁上看。"这是清代诗人何正鹏对九华山云海奇观的精彩描写。九华山四季多云，常年有雾，有时雾粒、低云和毛毛细雨

雾失楼台

九华山云雾

相互交融，是名副其实的"云雾之乡"。据气象部门统计，九华山全年雾天多达168天。

　　九华山重峦叠嶂，地形复杂，在山间沟壑及林木繁衍的地面上，一般都照射不到阳光，那里的水分不容易被蒸发，因而湿度大，水汽多。加之林木在生长发育过程中，利用根系不停地吸收地下水分，经过生化作用，又将水分不断地通过枝叶散发到空中，从而增加了林区上空的水汽。水汽越多，云雾也越多，这就出现了九华山云雾常留的自然现象。

　　九华山云雾的脾气是喜怒无常的：时而为风平浪静的一片汪洋，时而成波涛汹涌的大海；时而像奔泻千里的急流；时而似倾注山谷的瀑布；时而轻柔如绢，袅袅婷婷；时而怒气冲霄，电闪雷鸣。这千变万化的烟云，天天不同，时时不一。

　　这些原是大自然的杰作。峰顶和向阳坡的水分蒸发速度快些，而山谷的背阳坡的水分蒸发速度却慢些。由峰顶或向阳坡上的水汽凝集而成的云雾，不断地补充上升，于是就会出现云雾时

而团聚，时而消散的情景。同时，气流在山峦间穿行时，频繁地遇到山坡阻挡，形成了山谷风。这种山谷风沿着山坡既有滑升，也有跌落，云雾随着这股风飘移，就时而上腾，时而下坠，时而东进，时而西撤，时而回旋，时而舒展，变幻无穷，绰约多姿。

九华山云雾

在九华山观云海，以在小天台、大天台、莲花峰为最佳。当雨雪新霁之后，九华山受稳定高压控制，上空又有逆温层影响，云块不易消散，也不会下雨。逢山色迷蒙，千米以下山峰皆淹没在滚滚白浪中，此时登十王峰，穿行云层时便感到自己仿佛置身在云雾缭绕的"仙境"之中，一旦超脱云层上限，俯瞰下界，眼前却是另一番景象：云铺深壑，絮掩危岩，汪洋无际，只有天台、中峰、双峰、狮子峰、莲花峰诸高峰显露云波之上，如大海中的岛屿。而这虚无缥缈的云海，又随着气流的快慢缓急，对流

九华山云雾

的强弱，忽而平静，忽而荡漾，忽而波涛汹涌。

倘若能赶上旭日东升的时候观九华山云海，那更是妙不可言。清雍正年间，池州太守李暲在天台峰玉屏台上建捧日亭。"捧日亭中望东海，日射海水红玫瑰。万树鸟语杂箫管，千岩花笑纷徘徊。"然而凌晨登十王峰观云海，更胜捧日亭。远眺东方，可以看到湛蓝的天空像是被谁抹了几笔白色油彩，接着鱼白色天际幻出无数暗红色长带，慢慢地扩散，山峰云海也随之由黑变青、变黄、变红。突然，从海空交接处绽露出一个红色光点，瞬间光点变成弧形光盘，在上升中变形：从弧形到半圆，从半圆到大圆，刹那间一轮圆形的火球冲破波涛汹涌云海，喷薄而出，腾空而起。霎时浓雾变得稀薄，蔚蓝的天空被射出万道霞光，茫茫云海和重重叠叠的峰峦竟如血染。

令人惊奇的是，九华山曾多次因云雾密度垂直分布差异较大，在光线的折射作用下，出现了"海市蜃楼"奇景。

天柱山云雾

天柱山位于安徽省西部，横跨潜山、岳西两县，共有42峰，以天柱峰为最高，海拔1760米，峭拔倾柱，直插云霄。相传元封五年（公元前106年）汉武帝南巡，登祭天柱，封号"南岳"。今祭台遗址尚存。唐代著名诗人白居易曾有诗云："天柱一峰擎日月，洞门千仞锁风雷。"天柱峰由此而得名。

天柱山属于亚热带季风湿润气候，年降水量在1600毫米左右，一年四季雨量分布不均匀，秋冬季雨雪不大，春雨连绵，夏

雨集中，且多为大雨、暴雨。每逢汛期，雨水汇集到幽涧深谷之中，沿山间溪涧呼啸而下，一遇绝壁断崖便成为壮观的瀑布景观。

云雾中的天柱山

　　天柱山是著名的多雾山区。由于天柱山层峦叠嶂，沟谷纵横，地势复杂，气流多变，所以形成的雾千姿百态，变幻奇特。它忽而自山谷冉冉而起；忽而从半空轻轻掠过；一会儿黑压压地翻腾不已；一会儿升高变得薄如轻纱。

天柱山云雾

雾失楼台

天柱山云雾

每当风起云涌、阴雨持续时，天柱山被云雾所笼罩，成了茫茫似海的雾潮云浪。这时人站在山下仰望，头顶上是排列整齐的波状云；到山腰进入云海，只见雾气腾腾，云烟飘荡，使人宛如腾云驾雾。若临峰顶，顿觉天开云散，视野倍增，只见脚下云雾在千峰下渐渐升腾，缭绕翻滚，群峰上的苍松，好像出没于波涛中的风帆。

庐山云雾

庐山，位于江西北部、九江之南，北傍长江水，东临鄱阳湖。庐山最高峰——汉阳峰海拔1474米，故有毛泽东"一山飞峙大江边，跃上葱茏四百旋"的佳句。庐山处于中国亚热带东部季风区域，具有明显的山地气候特征。其气候的一大特点是常年多雾，年平均雾日为190天左右。"一雨百瀑匡庐山，一峰千态

匡庐云。"来庐山观光旅游的人，大多都为那飘逸湿润、变幻莫测、神秘精彩的庐山云雾而陶醉。

庐山云雾

清晨，站在庐山上，如果是晴天，庐山清秀的景色，历历在目。只见，山峰如翡翠，屋顶似珊瑚，红绿相间，绚烂夺目；可是，转瞬间，山峰、屋顶全隐没在一片云海之中。一阵阵云雾飘荡起来，使你置身在云雾之间。浓云如烟雾把一切都淹没了，淡云似薄纱，飘然过来。有时，一股云流顺着陡峭的山峰倾注到山谷之中，好像一条瀑布，这就是庐山有名的"瀑布云"。

庐山为什么多雾？庐山的云雾又为什么那样变化莫测、景色迷离呢？

一般山区云雾都比较多，这是什么原因呢？我们知道，山下的气温比山上气温要高；所以，沿着山坡往上爬的空气，温度越来越低，也就是说，它能够容纳的水汽的数量也越来越小，于是往山坡上升的空气很快就成了饱和空气，再往上，多余的水汽就

雾失楼台

WU SHI LOU TAI

凝结在灰尘上形成了雾。

庐山的云雾比一般山区还要多，这同庐山所处的地势和周围环境有关系。我们知道，滚滚长江从庐山脚下流过，山的东面是鄱阳湖，庐山所处的地区，气温很高，尤其是夏季更是炎热，这样，长江的水和鄱阳湖的水大量蒸发，水汽很充足，而且庐山上植被丰富，也不断蒸发出水分，这是庐山多雾的主要原因。

庐山云雾

庐山是一座两侧受大断裂挟持而起的块垒式断块山，由于地质构造上的特点，庐山山峰多为断崖陡壁，峡谷深幽，好像用刀切成。山谷纵横交错，山峰之间常常云雾缥缈，变幻莫测。特别是春夏之交，云雾迷漫，经常见到云海奇观，云层往往比山峰还低得多，只见白云绕山，山峰好像海中的岛屿，给庐山增添了无限景色。

庐山很多地方都可以观云赏雾。而最具诗情画意的观赏点有两处，即"含鄱口"、"龙首崖"。含鄱口在庐山牯岭之南约6千米处，它如同张开的巨口衔住正对着的鄱阳湖，因此而得名。含鄱口的含鄱岭上，有一座雕梁画栋的方形楼台，名为"望鄱亭"。此亭既是看日出的好处所，又是观云雾的理想地。常有阵阵浓云从汉阳峰上瀑布般倾泻而下，须臾之间就幻化成茫茫云海，将远水近山遮得严严实实。而当一阵山风吹来，云开雾散，又现出湖泊、田野，恰如在天上俯瞰人间。

庐山云雾

龙首崖位于牯岭西南，与文殊台、大天池毗邻。它绝壁千丈，一块巨石似龙首伸出壁外，像是正欲腾云而去，故而得名。在这里，时而大片大片的白絮从深谷中浮升起来，周边峰峦树木瞬间随之隐去，龙首崖如一条蛟龙在云海中漂游；时而一团一团的云朵紧贴着崖壁——风止时，静静歇息，俨如石壁绽放的花朵；风吹来，翩翩起舞，似在幽幽峡谷中向龙首崖献艺致敬。

雾失楼台

庐山云雾，不单婀娜多姿、妙趣横生，还有来去匆匆、含情脉脉两大个性。有时当你兴致勃勃尽情赏景时，忽地一阵云雾不知从何处升腾起来，迅疾拉开一张巨大的幕布，变魔术般把美景全然遮住。而就在你为此而惋惜甚至哀怨时，一阵清风刮过，又是江天一览、美景再现，令人称奇叫绝。当然，也有一些时候，它们久久不肯散去，那是有意给你留一点遗憾，希望你再来一次看个够。

庐山的云雾不仅吸引着国内外游人，而且是科学工作者研究云雾的好场所。庐山是个自然形成的大雾室，中国气象科学研究院在这里建立了云雾观测站，研究成云降雨的规律，还进行了驱雾催化的实验。

链接

雾景的拍摄方法

雾生万象，雾变百态。单纯里隐藏着丰富，又能化平凡为奇美。因此雾景是风光摄影中重要的拍摄题材之一。雾景固然迷人，不过要想把动态的唯美雾景画面拍摄下来，也并非易事。现在就给大家介绍一些拍摄雾景的小技巧。

1. 雾有浓雾、淡雾、大雾、小雾之分。大雾、浓雾可拍摄近景为主的风光片和一些小品题材。淡雾、小雾、流动的雾可拍摄山水、风光等大场景的题材。不过，浓雾时一般不宜于拍摄，因为它的能见度太低，除较近前景外，中景和远景都拍不到。这时，如果加用黄滤光镜或橙滤光镜，可减弱浓雾效果。因为黄橙滤光镜能吸收兰紫短波光，增强光线的透过能力。如想增强雾的

效果时,可加用兰滤光镜或雾镜。雾镜分一号二号,可获得不同浓度的雾化效果。如果想加强雾化时,也可把一号二号雾镜加在一起使用。

湘西凤凰古城晨雾

2. 雾景是高调作品,以白色和淡灰为主。所以一定要有少些的、但有"重量"的黑色景物压住画面,否则,照片会因缺少力度而失败。通常可以选择造型好的树枝、有特色的建筑、深色剪影的小舟等,这些有份量的深色部位常常是成败的关键,宜少不宜多。

3. 雾景用光,一般以逆光和侧逆光为主。在这种光照条件下,雾有质感,层次感也丰富。如有炊烟或其他烟雾效果则更佳。

4. 曝光量的控制,拍摄雾景通常在照相机内测光的数据上再增加1~2级曝光量。根据雾的浓淡和白色在画面上的多少进行调节,甚至还可以多一些。这样才能把雾拍白,层次也不会

雾失楼台

丢失。

雾气萦绕的城市黄昏

5. 掌握拍摄时间，要赶早不能晚。掌握在雾未散、太阳位置不是升得太高的时候抓紧时间果断抢拍。如果在山区，可掌握在日出前10分钟和日出后半小时这段最佳时间，可一点多拍、一景多拍。

6. 拍雾景由于能见度较差，为了有足够的景深，光圈调节在F8或F11，快门速度相对较慢，因此必须使用三脚架。拍摄的同时还要注意镜头上的水汽不要影响清晰度。

7. 在拍摄中尽量不用长焦距镜头，因为它能增加雾的密度，影响层次的表现。在拍黑白片的时候不用黄和红色的滤镜，它会起到消雾的作用。

8. 拍摄雾景时，应选择外形轮廓线条好的景物作为画面的主体，主体所占的面积不要太大，一般以不超过画面面积的1/4为好，这样就可以用大面积的浅色调来突出小面积黑色调的被摄主

体，形成强烈的明暗对比，有利于对雾的表现和有利于增加画面的空间感和纵深透视感。

9. 在山区拍摄的雾景，取景构图时要注意到山上的雾瞬息多变的特点，山上的雾往往随着山风时而升高，时而降低，时厚时薄，雾中的景物也会随着雾的变化而时浓、时淡、时隐、时现，所以在山区可以拍摄出比平地更具动感的离奇雾景照片。

美丽的雾景

10. 一年四季中都有雾的天气，但有些地区，有些季节中，雾的天气比较少，因此，在拍摄雾景时，应选择在多雾的季节里进行。雾有蒸发雾和辐射雾之分，蒸发雾多数情况是出现在深秋和冬季，在冷空气过后而产生；辐射雾多发生在冷空气过后雨停转晴的当天晚上和次日早晨。拍摄雾以选择在日出1~2小时后为最好的时刻，因为此时的太阳光比较强，雾气也减弱了一些，远景在雾气中显得朦胧模糊，近景、中景比较清晰，轮廓较为分明，在逆光下拍摄，能获得很好的透视效果强的照片。

第二节　高山云雾产名茶

茶叶是一种老少皆宜的饮品，它对气象条件特别敏感，若想达到最佳的饮用效果，必须考虑四季的气候。

茶树是我国热带、亚热带地区最为普遍的经济树种，最适宜生长在温暖湿润、有遮阴的山区。弱光、遮阴的环境，既能促进茶叶内芳香物质的形成，又能抑制产生茶叶涩味的茶多酚类物质的积累，从而提高茶叶的品质。

山区多云雾。云雾对茶叶的品质影响很大。由悬浮在空气中的小水滴组成的云雾，首先遮挡了太阳的直接辐射，把它改变成散射辐射，使光量减少，强度减弱，适应了茶树喜弱光、耐阴的特性。而茶树生长期间，这种弱光正好适合耐阴的特性。在弱光的条件下，茶树鲜叶里面的叶绿素 B 含量明显增多。它可以使茶叶增加翠绿的颜色，还可以有效地利用高山上阳光中较多的蓝紫光和紫外线。蓝紫光可以促进茶树植株体内蛋白质以及氨基酸类物质的形成和积累，相对的抑制了茶多酚类物质的形成。而蛋白质可以提高茶叶的品质，增加对低温的抗性，同时，蛋白质内各种各样的酶，在制茶的发酵过程中起着重要作用。氨基酸类是组成嫩叶不可缺少的部分，它在萎凋时可产生香气，还可以溶解一部分在茶汤里。至于茶多酚类，可以助消化、减肥、杀菌。不过，如果它在茶叶中的比例过大，则往往产

生涩味，降低品质。

高山云雾

另外，高山上的紫外线比平地多，它可以使茶树形成多种醇、酮、酯类芳香物质。这些挥发性物质的存在，使茶叶具备了独特的香气。

高山云雾多、空气相对湿度一般在90％左右，茶树叶面蒸腾少，叶内粗纤维也少，加之降水充沛、土壤墒情好，既有利于茶树梢上的芽叶形成，又能使芽叶柔嫩，色味俱佳。

山岳的高度，虽然对于提高茶叶品质有一定作用，但茶园也不能无限制的高。因为高度越高，气温越低，茶树冻坏的危险就会越来越大。在长江中下游和大别山区一带，茶叶生产的安全高限一般以不超过海拔1000米为宜；华南、西南茶区，多在海拔1500米以下；而印度和斯里兰卡则在海拔2000米左右。

由此可见，自古流传的"云雾山中出名茶"的说法是有科学和事实依据的。

中国茶叶历史悠久，各种各样的茶类品种，万紫千红，竞相争艳，犹如春天的百花园，使万里山河分外妖娆。中国名茶就是在浩如烟海诸多花色品种茶叶中的珍品。以十大名茶西湖龙井、黄山毛峰、洞庭碧螺春、都匀毛尖、六安瓜片、信阳毛尖、祁门工夫红茶、君山银针、武夷岩茶和安溪铁观音为例，它们的生长地几乎都在云雾缭绕的山区。

1. 西湖龙井

西湖龙井，居中国名茶之冠，产于浙江省杭州市西湖周围的群山之中。多少年来，杭州不仅以美丽的西湖闻名于世界，也以西湖龙井茶誉满全球。西湖群山产茶已有千百年的历史，在唐代时就享有盛名，但形成扁形的龙井茶，大约还是近百年的事。相传，乾隆皇帝巡视杭州时，曾在龙井茶区的天竺做诗一首，诗名为《观采茶作歌》。

西湖龙井茶园

龙井茶区分布在西湖湖畔的秀山峻岭之上。这里傍湖依山，气候温和，常年云雾缭绕，浓荫笼罩，雨量充沛，年降水量1500毫米左右。尤其是春夏时节，细雨蒙蒙，溪水长流。加上山区土壤结构疏松、土质肥沃，茶树根深叶茂，常年莹绿。这些都为龙井茶优良品质的形成提供了良好的先天条件。

西湖龙井茶向来以"狮（峰）、龙（井）、云（栖）、虎（跑）、梅（家坞）"排列品第，以西湖龙井茶为最。龙井茶外形挺直削尖、扁平俊秀、光滑匀齐、色泽绿中显黄。冲泡后，香气清高持久，香馥若兰；汤色杏绿，清澈明亮，叶底嫩绿，匀齐成朵，芽芽直立，栩栩如生。品饮茶汤，沁人心脾，齿间流芳，回味无穷。

2. 洞庭碧螺春

洞庭碧螺春是中国著名绿茶之一。洞庭碧螺春茶产于江苏省吴县太湖洞庭山。相传，洞庭东山的碧螺春峰，石壁长出几株野茶。当地的老百姓每年茶季持筐采摘，以作自饮。有一年，茶树长得特别茂盛，人们争相采摘，竹筐装不下，只好放在怀中，茶受到怀中热气熏蒸，奇异香气忽发，采茶人惊呼"吓煞人香"，此茶由此得名。有一次，清朝康熙皇帝游览太湖，巡抚宋公进"吓煞人香"茶，康熙品尝后觉香味俱佳，但觉名称不雅，遂题名"碧螺春"。

太湖辽阔，碧水荡漾，烟波浩渺。洞庭山位于太湖之滨，东山是犹如巨舟伸进太湖的半岛，西山是相隔几千米、屹立湖中的岛屿，西山气候温和，冬暖夏凉，空气清新，云雾弥漫，是茶树生长得天独厚的环境，加之采摘精细，做工考究，形成了别具

洞庭碧螺春

特色的品质特点。

　　碧螺春茶条索纤细，卷曲成螺，满披茸毛，色泽碧绿。冲泡后，味鲜生津，清香芬芳，汤绿水澈，叶底细匀嫩。尤其是高级碧螺春，可以先冲水后放茶，茶叶依然徐徐下沉，展叶放香，这是茶叶芽头壮实的表现，也是其他茶所不能比拟的。因此，民间有这样的说法：碧螺春是"铜丝条，螺旋形，浑身毛，一嫩（指芽叶）三鲜（指色、香、味）自古少"。

　　3. 信阳毛尖

　　信阳毛尖是河南省著名土特产之一，素来以"细、圆、光、直、多白毫、香高、味浓、汤色绿"的独特风格而饮誉中外。

　　唐代茶圣陆羽所著的《茶经》，把信阳列为全国八大产茶区之一；宋代大文学家苏轼尝遍名茶而挥毫赞道："淮南茶，信阳第一"；信阳毛尖茶清代已为全国名茶之一，1915年荣获巴拿马万国博览会金奖。信阳毛尖不仅走俏国内，在国际上也享有盛誉，远销日本、美国、德国、马来西亚、新加坡等国和

我国香港等地区。

信阳茶园主要分布在车云山、集云山、天云山、云雾山、黑龙潭等群山峡谷之中，群峰叠嶂、溪流纵横、云雾缭绕。有诗为证："立马曾崖下，凌空瀑布泉。溅花飞雾雪，喧石向晴天。"弥漫的云雾滋润着柔嫩的茶芽，保证了毛尖茶优良的品质。

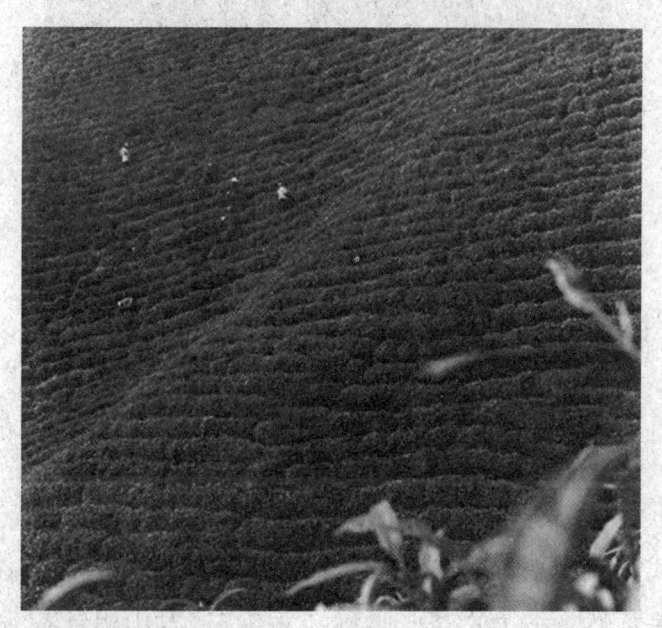

信阳毛尖茶园

毛尖茶外形条索紧细、圆、光、直，银绿隐翠，内质香气新鲜，叶底嫩绿匀整，青黑色，一般一芽一叶或一芽二叶，假的为卷曲形，叶片发黄。

4. 君山银针

君山银针为我国著名黄茶之一。君山茶，始于唐代，清代纳入贡茶。君山，为湖南岳阳县洞庭湖中岛屿。该岛位于岳阳城西

15千米处，岛上土壤肥沃，多为砂质土壤，年平均温度16~17℃，年降雨量为1340毫米左右，相对湿度较大。春夏季湖水蒸发，云雾弥漫，岛上树木丛生，自然环境适宜茶树生长，山地遍布茶园。

君山银针

清代，君山茶分为"尖茶"、"茸茶"两种。"尖茶"如茶剑，白毛茸然，纳为贡茶，素称"贡尖"。君山银针茶香气清高，味醇甘爽，汤黄澄高，芽壮多毫，条真匀齐，着淡黄色茸毫。冲泡后，芽竖悬汤中冲升水面，徐徐下沉，再升再沉，三起三落，蔚成趣观。

5. 黄山毛峰

黄山毛峰茶产于安徽省太平县以南，歙县以北的黄山。黄山是我国景色奇绝的自然风景区。那里常年云雾弥漫，云多时能笼

罩全山区，山峰露出云上，像是若干岛屿，故称云海。黄山的松或倒悬，或惬卧，树形奇特。黄山的岩峰都是由奇、险、深幽的山岩聚集而成。

黄山毛峰茶

云、松、石的统一，构成了神秘莫测的黄山风景区，这也给黄山毛峰茶蒙上了种种神秘的色彩。黄山毛峰茶园就分布在云谷寺、松谷庵、吊桥庵、慈光阁以及海拔1200米的半山寺周围，在高山的山坞深谷中，坡度达30～50度。这里气候温和，雨量充沛，土壤肥沃，上层深厚，空气湿度大，日照时间短。在这特殊条件下，茶树天天沉浸在云蒸霞蔚之中，因此茶芽格外肥壮，柔软细嫩，叶片肥厚，经久耐泡，香气馥郁，滋味醇甜，成为茶中的上品。

黄山毛峰的品质特征是：外形细扁稍卷曲，状如雀舌披银毫，汤色清澈带杏黄，香气持久似白兰。

6. 武夷岩茶

武夷岩茶产于闽北"秀甲东南"的名山武夷，山区峰峦叠翠，峡谷纵横，溪流回转，冬无严寒，夏无酷暑，年平均气温在18℃左右，日照时间相对较短，常年雨量丰沛，云雾弥漫，空气相对湿度较大，非常适宜茶树生长。

武夷岩茶属半发酵茶，制作方法介于绿茶与红茶之间。其主要品种有"大红袍"、"白鸡冠"、"水仙"、"乌龙"、"肉桂"等。18世纪传入欧洲后，倍受当地群众的喜爱，曾有"百病之药"美誉。武夷岩茶外形条索肥壮、紧结、匀整，带扭曲条形，俗称"蜻蜓头"，叶背起蛙皮状砂粒，俗称"蛤蟆背"，内质香气馥郁、隽永，滋味醇厚回苦，润滑爽口，汤色橙黄，清澈艳丽，叶底匀亮，边缘朱红或起红点，中央叶肉黄绿色，叶脉浅黄色，耐泡6~8次以上，假茶开始味淡，欠韵味，色泽枯暗。

武夷岩茶生长在岩缝之中

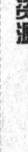

7. 安溪铁观音

安溪铁观音属青茶类，是我国著名乌龙茶之一。安溪铁观音茶产于福建省安溪县。安溪铁观音茶历史悠久，素有茶王之称。据载，安溪铁观音茶起源于清雍正年间（1725~1735年）。安溪县境内多山，气候温暖，年平均气温为15~18℃，无霜期260~324天，年降水量1700~1900毫米，相对湿度78%以上，有"四季有花常见雨，一冬无雪却闻雷"之说。而且土壤为酸性土，土层深厚，茶树生长茂盛，品种繁多，姹紫嫣红，冠绝全国。

安溪铁观音茶园

品质优异的安溪铁观音茶条索肥壮紧结，质重如铁，芙蓉沙绿明显，青蒂绿，红点明，甜花香高，甜醇厚鲜爽，具有独特的品味，回味香甜浓郁，冲泡7次仍有余香；汤色金黄，叶底肥厚柔软，艳亮均匀，叶缘红点，青心红镶边。

雾失楼台

8. 都匀毛尖

都匀毛尖又名"白毛尖"、"细毛尖"、"鱼钩茶"、"雀舌茶",是贵州三大名茶之一,中国十大名茶之一。

都匀毛尖产于贵州都匀市,属布依族、苗族自治区。都匀位于贵州省的南部,市区东南东山屹立,西面龙山对峙。都匀毛尖主要产地在团山、哨脚、大槽一带,这里山谷起伏,海拔千米,峡谷溪流,林木苍郁,云雾笼罩,冬无严寒,夏无酷暑,四季宜人,年平均气温为16℃,年平均降水量在1400多毫米。加之土层深厚,土壤疏松湿润,土质是酸性或微酸性,内含大量的铁质和磷酸盐,这些特殊的自然、条件不仅适宜茶树的生长,而且也形成了都匀毛尖的独特风格。

都匀毛尖茶园

都匀毛尖具有"三绿透黄色"的特色,即干茶色泽绿中带黄,汤色绿中透黄,叶底绿中显黄。成品都匀毛尖色泽翠绿、外形匀整、白毫显露、条索卷曲、香气清嫩、滋味鲜浓、回味甘甜、汤色清澈、叶底明亮、芽头肥壮。其品质优佳,形可与太湖

碧螺春并提，质能同信阳毛尖媲美。茶界前辈庄晚芳先生曾写诗赞曰："雪芽芳香都匀生，不亚龙井碧螺春。饮罢浮花清爽味，心旷神怡功关灵！"

9. 祁门红茶

祁门红茶，著名红茶精品，唐代就已出名。据史料记载，这里在清代光绪以前，并不生产红茶，而是盛产绿茶，制法与六安茶相仿，故曾有"安绿"之称。光绪元年，黟县人余干臣从福建罢官回籍经商，创设茶庄，祁门遂改制红茶，并成为后起之秀。至今已有100多年历史。

祁红，产于中国安徽省西南部黄山支脉区的祁门县一带。当地的茶树品种高产质优，植于肥沃的红黄土壤中，而且气候温和、产地云雾多，雨水充足、日照适度，所以生叶柔嫩且内含水溶性物质丰富，又以8月份所采收的品质最佳。

祁门红茶基地

祁红外形条索紧细匀整，锋苗秀丽，色泽乌润（俗称"宝光")；内质清芳并带有蜜糖香味，上品茶更蕴含着兰花香（号称"祁门香"），馥郁持久；汤色红艳明亮，滋味甘鲜醇厚，叶底（泡过的茶渣）红亮。清饮最能品味祁红的隽永香气，即使添加鲜奶亦不失其香醇。春天饮红茶以它最宜，下午茶、睡前茶也很合适。祁门茶区的江西"浮梁工夫红茶"是"祁红"中的佼佼者，向以"香高、味醇、形美、色艳"四绝驰名于世。

10. 六安瓜片

六安瓜片是国家级历史名茶，中国十大经典绿茶之一。六安瓜片（又称片茶），为绿茶特种茶类。采自当地特有品种，经扳片、剔去嫩芽及茶梗，通过独特的传统加工工艺制成的形似瓜子的片形茶叶。

"六安瓜片"具有悠久的历史底蕴和丰厚的文化内涵。早在唐代，《茶经》就有"庐州六安（茶）"之称；明代科学家徐光启在其著《农政全书》里称"六安州之片茶，为茶之极品"；明代李东阳、萧显、李士实三名士在《咏六安茶》中也多次提及，曰"七碗清风自六安"、"陆羽旧经遗上品"，予"六安瓜片"以很高的评价；"六安瓜片"在清朝被列为"贡品"，慈禧太后曾月奉十四两；大文学家曹雪芹旷世之作《红楼梦》中竟有80多处提及，特别是"妙玉品茶（六安瓜片）"一段，读来令人荡气回肠；到了近代，"六安瓜片"被指定为中央军委特贡茶；1971年美国前国务卿第一次访华，"六安瓜片"还作为国家级礼品馈赠给外国友人。可见，"六安瓜片"在中国名茶史上一直占据显著的位置。

六安瓜片茶

"六安瓜片"驰名古今中外,还得惠于其独特的产地、工艺和品质优势。

"六安瓜片"主产地是革命老区金寨县,全县地处大别山北麓,高山环抱,云雾缭绕,气候温和,生态植被良好,是真正大自然中孕育成的绿色饮品。同时,"六安瓜片"的采摘也与众不同,茶农取自茶枝嫩梢壮叶,因而,叶片肉质醇厚,营养最佳,是我国绿茶中唯一去梗去芽的片茶。

此外,和云雾息息相关的云雾茶也不得不提。云雾茶属绿茶类名茶。一般在谷雨后至立夏之间方开始采摘。以一芽一叶为初展标准,长约3厘米。成品茶外形饱满秀丽,色泽碧嫩光滑,芽隐露。比较有名的云雾茶有庐山云雾茶,云台山云雾茶,南岳云雾茶。

1. 庐山云雾茶

庐山云雾茶产于江西庐山,色泽翠绿,香如幽兰,味浓醇鲜爽,芽叶肥嫩显白亮。庐山云雾茶,古称"闻林茶",从明代起始称"庐山云雾"。

庐山云雾茶茶园

庐山在江西省九江市,山从平地起,飞峙江湖边,北临长江,甫对鄱阳湖,主峰高耸入云,海拔1543米。山峰多断崖陡壁,峡谷深幽,纵横交错,云雾漫山间,变幻莫测,春夏之交,常见白云绕山。有时淡云缥缈似薄纱笼罩山峰,有时一阵云流顺陡峭山峰直泻千米,倾注深谷,这一壮丽景观即著称之庐山"瀑布云"。蕴云蓄雾,给庐山平添了许多神奇的景色,且以云雾作为茶叶之命名。

庐山云雾芽肥毫显,条索秀丽,香浓味甘,汤色清澈,是绿茶中的精品,以"味醇、色秀、香馨、液清"而久负盛名。畅销国内外。仔细品尝,其色如沱茶,却比沱茶清淡,宛若碧玉盛于碗中。若用庐山的山泉沏茶焙茗,就更加香醇可口。

风味独特的云雾茶,由于受庐山凉爽多雾的气候及日光直射时间短等条件影响,形成其叶厚、毫多、醇甘耐泡、含单宁、芳

香油类和维生素较多等特点，不仅味道浓郁清香，怡神解泻，而且可以帮助消化，杀菌解毒，具有防止肠胃感染，增加抗坏血病等功能。

朱德曾有诗赞美庐山云雾茶云："庐山云雾茶，味浓性泼辣，若得长时饮，延年益寿法。"

2. 云台山云雾茶

云台山云雾茶，以其色、香、味、形俱佳而跻身于太湖碧螺春、南京雨花等名茶之列。古时候悟正庵的僧人每年精心采制，只得二三斤，秘不示人，视作珍茗，招待贵宾。它因具有"味醇、色秀、香馨、液清"而驰名遐迩。清海州知州唐仲冕也把它当作茶王"龙团凤饼"。

云台山濒临黄海，气候温暖湿润。时常晓云未散，海雾又起。青翠欲滴的茶树经常笼罩在云雾山中，气温低，温差小，湿度大，芽叶柔嫩，焙炒时要节制锅温，抓、焙、搓、翻，全靠手上功夫。制成的茶大小匀整，条索蜷曲，形似细眉，而且蜂毫无损，色泽绿润，纯净可爱。

3. 南岳衡山云雾茶

南岳衡山特产云雾茶，久负盛名。有诗云："谁道色香味，只许入皇家；今上毗庐洞，逍遥尝贡茶。"

衡山巍峨秀丽，共有72座山峰，透迤绵延400余千米。衡山主峰为海拔1290米的祝融峰，登上主峰极登上主峰极目远眺，其北是烟波浩渺、若隐若现的洞庭湖，南为奔腾起伏、如幛如屏的翠峰，东为宛如玉带、飘然北去的湘江，西则是云雾缭绕、时有时无的雪峰山。从祝融峰下行，但见梯级茶行，蜿蜒曲折，这

雾失楼台

云雾缭绕的云台山

里古木参天,翠竹灌林,山巅峪谷终年云雾缭绕,茶树生长茂盛。南岳云雾茶主要就产在这里。关于南岳产茶还有一个动人的故事。

相传,唐代天宝年间,江苏清晏禅师任南岳届掌教,见有一条大白蛇,将茶籽埋到庙的旁边,自此之后南岳便产茶了。一天,一股清泉冲泡茶叶,茶叶的色香味更好。还传说,浙江杭州的虎跑水,是唐朝宪宗时,有一位高僧向南岳借去的,当时所借的是这里的"童子泉"。南岳泉水不仅质优,而且量多。这里的毗庐、太阳、虎跑等36处名泉,都是从花岗岩中渗出,水质特别好,冲泡茶叶,汤色明亮清澈,纯而不淡,浓而不涩,香气清高而味醇,经多次泡饮后,仍回味无穷。

南岳云雾茶形状独特,其叶尖且长,状似剑,以开水泡之,尖子朝上,叶瓣斜展如旗,颜色鲜绿,沉于水底,恰似玉花璀璨、风姿多彩。尤其是那股浓郁的清香,沁人心脾、甜润醉人;

南岳衡山云雾茶茶园

甜、辛、酸、苦皆有之，又令人回味良久。有茶诗为证：

龙山人惠石廪方及团茶（节选）

唐　李群玉

客有衡岳隐，遗余石廪茶。自云凌烟露，采掇春山芽。
圭璧相压叠，积芳莫能加。碾成黄金粉，轻嫩如松花。
顾渚与方山，谁人留品差。持瓯默吟咏，摇膝空咨嗟。

第三节　美丽的雾凇

雾凇俗称树挂，是一种冰雪美景。它是由于雾中无数0℃以下而尚未结冰的雾滴随风在树枝等物上不断积聚冻黏的结果。因此雾凇现象在我国北方是很普遍的，在南方高山地区也很常见，

雾失楼台

只要雾中有过冷却水滴就可形成。

雾凇

以前人们都将雾凇叫做"树挂",时至今日,大家都已对"雾凇"这个名称不再陌生,说起这个名称的普及,还真有一个小故事呢!

1987年国家电影电视部决定拍《吉林树挂》,将吉林市这一特殊的自然景观搬上银幕,并送联合国对外宣传。北京科教电影制厂在吉林市政府支持下,来吉林市采访和拍摄,责成在本地从事研究树挂的气象科技工作者撰写脚本,将吉林树挂这一奇观作为旅游资源对外宣传。作者认为应该用它的学名"雾凇"为好,当时这一建议经研究被采纳了。可是那时候人们叫雾凇还不习惯,不少人感到陌生和别扭,说这种称呼不通俗,不大众化,后经过解释、宣传,被部分人所接受。在吉林市举办过几届雾凇冰

雪节后,"雾凇"一词不仅被江城父老所接受,家喻户晓,而且名扬中外。

雾凇美景

那么,为什么吉林市的雾凇特别著名,以致号称为中国四大自然奇观之一,每年都吸引几万中外游客远道来此观赏呢?

原来,关键是因为这里存在着"严寒的大气和温暖的江水"这对互相矛盾的自然条件的缘故。

吉林市冬季气候严寒,清晨气温一般都低至 -20～-25℃,尽管松花湖面上结了1米厚的坚冰,而从松花湖大坝底部丰满水电站水闸放出来的湖水却在零上4℃。这25～30℃的温差使得湖水刚一出闸,就如开锅般地腾起浓雾。数十里云雾长龙随松花江水源流过吉林市区,十分壮观。这就是美丽的吉林雾凇得天独厚的原料来源。它使得江畔长堤上的大柳树成了"白发三千丈"的雪柳,苍松则成了"玉菊怒放"的雪松。这种得天独厚条件形成的雾凇即奇厚又结构疏松,因而显得特别轻柔丰盈、婀娜多姿、美丽绝伦。在全中国,以至更大范围内,哪里能再找到这样的条件呢?一般低温地区不可能有不冻的江水,而江水不冻的地区又绝不可能有如此低温的大气环境。

吉林雾凇

可见,在中国四大自然奇观中,桂林山水、路南石林和长江三峡都是"天生丽质",而独吉林雾凇是"人工仙境",即丰满水电站建成发电后才有的。

据吉林气象站记录,吉林雾凇季节一般从每年的11月下旬开始,到次年的3月上旬结束。

雾凇有两种。一种是过冷却雾滴碰到冷的地面物体后迅速冻结成粒状的小冰块,叫粒状雾凇,它的结构较为紧密。另一种是由过冷却雾滴凝华而形成的晶状雾凇,结构较松散,稍有震动就

会脱落。

雾凇出现最多的地方是吉林省的长白山，年平均出现178.9天，最多的年份有187天。

长白山雾凇

吉林雾凇与桂林山水、云南石林和长江三峡同为中国四大自然奇观，却是这四处自然景观中最为特别的一个。

吉林雾凇仪态万方、独具丰韵的奇观，让络绎不绝的中外游客赞不绝口。然而很少有人知道雾凇对自然环境、人类健康所做的贡献。

每当雾凇来临，吉林市松花江岸十里长堤"忽如一夜春风来，千树万树梨花开"，柳树结银花，松树绽银菊，把人们带进如诗如画的仙境。

在北方，有些地方偶尔也有雾凇出现，但其结构紧密，密度大，对树木、电线及某些附着物有一定的破坏力。而吉林雾凇不仅因为结构很疏松，密度很小，没有危害，而且还对人类有很多

雾失楼台

益处。

现代都市空气质量的下降是让人担忧的问题，吉林雾凇可是空气的天然清洁工。人们在观赏玉树琼花般的吉林雾凇时，都会感到空气格外清新舒爽、滋润肺腑，这是因为雾凇有净化空气的内在功能。空气中存在着肉眼看不见的大量微粒，其直径大部分在 2.5 微米以下，约相当于人类头发丝直径的 1/4，体积很小，重量极轻，悬浮在空气中，危害人的健康。据美国对微粒污染危害做的调查测验表明，微粒污染重比微粒污染轻的城市，患病死亡率高 15%，微粒每年导致 5 万人死亡，其中大部分是已患呼吸道疾病的老人和儿童。雾凇初始阶段的凇附，吸附微粒沉降到大地，净化空气，因此，吉林雾凇不仅在外观上洁白无瑕，给人以纯洁高雅的风貌，而且还是天然大面积的空气"清洁器"。

雾凇可以净化空气

注重保健的人都不会对空气加湿器、负氧离子发生器等感到

陌生，其实吉林雾凇就是天然的"负氧离子发生器"。所谓负氧离子，是指在一定条件下，带负电的离子与中性的原子结合，这种多带负离子的原子，就是负氧离子。负氧离子，也被人们誉为空气中的"维生素"、"环境卫士"、"长寿素"等，它有消尘灭菌、促进新陈代谢和加速血液循环等功能，可调整神经，提高人体免疫力和体质。在出现浓密雾凇时，因不封冻的江面在低温条件下，水滴分裂蒸发大量水汽，形成了"喷电效应"，因而促进了空气离子化，也就是在有雾凇时，负氧离子增多。据测，在有雾凇时，吉林松花江畔负氧离子每立方厘米可达上千至数千个，比没有雾凇时的负氧离子可多5倍以上。

噪音也是现代都市生活给人们带来的一个有害副产品。噪音使人烦躁、疲惫、精力分散以及工作和学习效率降低，并能直接影响人们的健康以至于生命。人为控制和减少噪音危害，需要一定条件，并且又有一定局限性。吉林雾凇则是环境的天然"消音器"，由于其具有浓厚、结构疏松、密度小、空隙度高的特点，因此对音波反射率很低，能吸收和容纳大量音波，在形成雾凇的成排密集的树林里感到幽静，就是这个道理。

此外，根据吉林雾凇出现的特点、周期规律等，还可反馈未来天气和年成信息，为各行各业兴利避害、增收创利做出贡献。

雾凇是一种在平原和山区比较常见的天气现象，但是，在一望无际的沙漠中出现雾凇却是十分罕见的。

人们曾在距乌鲁木齐800多千米的塔克拉玛干沙漠发现了雾凇。白色的沙漠、白色的胡杨，将沙漠装扮成银色的世界。更加令人称奇的是，其他地方的雾凇通常出现在阴天，而这里的雾

雾失楼台

雾凇可以消除噪音

淞，却出现在蓝天白云的映衬下。

出现这一奇观主要是因为当年新疆南部地区降雪比往年多，温度也比较高，沙漠雾凇出现的前一天，这里刚刚下过雪，有了一定的水汽和气温条件，从而造就了沙漠中的这一奇景。可惜的是，雾凇持续的时间很短，太阳出来后不到两个小时，它就迅速消失了。沙漠又恢复了往日的苍凉与平静。

第五章

战火雾语

——雾和战争

细究起来，大雾算得上是"气象武器"的鼻祖。传说黄帝与蚩尤在涿鹿大战中，蚩尤就曾利用漫天大雾，使黄帝大军迷失方向。辛亏宰相风后制造出指南车，帮大军指引方向，黄帝才俘获蚩尤，赢得胜利。纵观古今中外的沙场，大雾曾多次大显神威，倒转乾坤，奇兵制胜！

第一节　诸葛亮草船借箭

三国时期，赤壁之战中，周瑜妒嫉诸葛亮的才能，欲加害之。于是令诸葛亮限期监造10万支羽箭。诸葛亮欣然接受，并主动把限期由10天提前到3天，且纳军令状：3日不办，甘当重罚。

漫画　草船借箭

在周瑜看来，诸葛亮无论如何也不可能在3天之内造出10万枝箭，因此，诸葛亮必死无疑。

诸葛亮告辞以后，周瑜就让鲁肃到诸葛亮处查看动静，打探虚实。诸葛亮一见鲁肃就说："3日之内如何能造出10万枝箭？还望子敬救我！"忠厚善良的鲁肃回答说："你自取其祸，叫我如何救你？"诸葛亮说："只望你借给我20只船，每船配置30名军卒，船只全用青布为幔，各束草把千余个，分别竖在船的两舷。这一切，我自有妙用，到第三日包管会有 10 万枝箭。但有一条，你千万不能让周瑜知道。如果他知道了，必定从中作梗，我的计划就很难实现了。"鲁肃虽然答应了诸葛亮的请求，但并不明白诸葛亮的意思。他见到周瑜后，不谈借船之事，只说诸葛亮并不准备造箭用的竹、翎毛、胶漆等物品。周瑜听罢也大惑不解。

诸葛亮向鲁肃借得船只、兵卒以后，按计划准备停当。第一天，不见诸葛亮有什么动静。第二天，仍然不见诸葛亮有什么动静。直到第三天夜里四更时分，他才秘密地将鲁肃请到船上，并告诉鲁肃要去取箭。鲁肃不解地问："到何处去取？"诸葛亮回答道："子敬不用问，前去便知。"鲁肃被弄得莫名其妙，只得陪伴着诸葛亮去看个究竟。

是夜大雾，长江之中，雾气霏霏，对面不相见。诸葛亮遂命用长索将 20 只船连在一起，起锚向北岸曹军大营进发。时至五更，船队已接近曹操的水寨。这时，诸葛亮又教士卒将船只头西尾东一字摆开，横于曹军寨前。然后，他又命令士卒擂鼓呐喊，故意制造了一种击鼓进兵的声势。鲁肃见状，大惊失色，诸葛亮却心底坦然地告诉他说："我料定，在这浓雾低垂的夜里，曹操决不敢毅然出战。你我尽可放心地饮酒取乐，等到大雾散尽，我们便回。"

曹操闻报后，果然担心重雾迷江，遭到埋伏，不肯轻易出战。他急调旱寨的弓弩手 6000 人赶到江边，会同水军射手，共 1 万多人，一齐向江中乱射，企图以此阻止击鼓叫阵的"孙刘联军"。一时间，箭如飞蝗，纷纷射在江心船上的草把和布幔之上。

过了一段时间后，诸葛亮又从容地命令船队调转方向，头东尾西，靠近水寨受箭，并让士卒加劲地擂鼓呐喊。等到日出雾散之时，船上的全部草把密密麻麻地排满了箭枝。此时，诸葛亮才下令船队调头返回。他还命令所有士卒一齐高声大喊："谢谢曹丞相赐箭！"当曹操得知实情时，诸葛亮的取箭船队已经离去20余里，曹军追之不及，曹操为此懊悔不已。

船队返营后，共得箭10万余枝，为时不过3天。鲁肃目睹其事，极称诸葛亮为"神人"。诸葛亮对鲁肃讲：自己不仅通天文，识地利，而且也知奇门，晓阴阳。更擅长行军作战中的布阵和兵势，在3天之前已料定必有大雾可以利用。他最后说："我的性命系之于天，周公瑾岂能害我！"当周瑜得知这一切以后，大惊失色，自叹不如。

诸葛亮用雾作掩护，不费吹灰之力，得10万余支箭而伏周瑜。曹操却雾中失利，只得叫苦。

诸葛亮提前3天准确地预报出一场大雾，莫说在1700多年前使周瑜惊叹，就是气象科学已相当发达的今天，也使人为之惊叹不已。

第二节　窦建德雾中突袭取胜

隋朝末年，隋炀帝杨广统治残暴，骄奢荒淫，连年大兴土木，对外不断用兵，还征收繁重的徭役、兵役，使得田地荒芜、民不聊生，于是全国范围内爆发了大规模的农民起义。

先后起义的农民军约百余支，人数达数百万。起义军在同隋军作战中，虽屡遭挫折，但散而复集，并逐渐由分散走向联合。大业十二年后，形成了三支强大的起义军，即河南的瓦岗军，河北的窦建德军，江淮的杜伏威、辅公军。

公元617年，隋炀帝命令左御卫大将军、涿郡留守薛世雄镇压瓦岗起义军。要实现这一军事行动，薛世雄军队必须通过窦建德所领导的起义军控制的地区。

窦建德原在清河（今河北清河西北）高士达起义军中任司兵。大业十二年十二月，隋涿郡通守郭绚率兵万余人进攻起义军。高士达推举窦建德为军司马，指挥反击。窦建德计诱郭绚至长河（今山东德州东），乘其无备，突然进袭，大败隋军，斩郭绚。不久，高士达战亡，窦建德率领起义军继续战斗，队伍发展到10余万人。次年正月，在乐寿（今河北献县）建立政权。

窦建德画像

同年7月，薛世雄奉杨广之命，率精兵3万南下驰援洛阳。隋军进至河间（今属河北）七里井扎营。

此时，窦建德的大营就驻扎在七里井以南70千米的地方。窦建德素知隋军骄奢淫逸，纪律涣散。于是当机立断，选精兵数千埋伏于河间南水泽中，故意撤走各地军队，假装逃走。

当隋军麻痹大意、不加防备时,窦建德率勇士数百人,对敌营实施突袭。临行前命令大队人马从速应援。

这支敢死队经过一夜急行军,于黎明时分到达了七里井。老天有眼,当时正逢弥天大雾,咫尺之内难以辨明人迹。在漫天大雾中,窦建德和部下悄无声息突入敌营,好似天兵降临。隋军见状,不知对方有多少人马,以为被大军包围,自乱阵脚,争相逃命,溃不成军。而窦建德部则越战越勇,奋力冲杀,大破隋军。

薛世雄仅带数十骑逃回涿郡(今北京西南)。薛世雄逃回涿郡后,又羞又怒,不久就发病去世。河间之战,削弱了隋王朝在北方的统治力量,有力地支援了瓦岗军。

第三节　大雾助太平军取得三河镇大捷

1856年9月,天京内讧,太平天国的革命形势开始急转直下。1857年5月,石达开受洪秀全猜忌,离京出走,带走数万精兵良将,更使太平军元气大伤,整个战争形势也随之急剧逆转。清军利用这一有利时机,重整旗鼓,于1858年1月重新建立江南大营,包围天京。

1858年5月19日,新任浙江布政使、湘军悍将李续宾率部攻克军事重镇九江,李续宾在攻克九江后不久即率部渡江,回到湖北,准备乘胜东援安徽战场。

1858年5月,湖广总督官文、湖北巡抚胡林翼看到湘军在江西战场上已经取得决定性胜利，便拟定东征计划，把李续宾部湘军投入安徽战场。当时，太平军在陈玉成、李秀成等率领下，在皖北战场屡挫清军，于8月23日占领庐州城。于是，官文便命令李续宾迅速进兵，攻克太湖，然后乘势扫清桐城、舒城一路，疾趋庐州，企图收回庐州，并堵住太平军北进之路。所以，当陈玉成、李秀成部挥师东向，进攻江北大营时，江宁将军都兴阿和李续宾等即率兵勇万余人自湖北东犯安徽，9月22日克太湖，然后分兵为二，都兴阿率副都统多隆阿和总兵鲍超所部进逼安庆，李续宾率所部湘军北指庐州。

李续宾部于9月23日陷潜山，10月13日陷桐城，24日陷舒城，接着指向舒城东面25千米的三河镇，准备进犯庐州。

三河镇位于界河（今丰乐河）南岸，东濒巢湖，是庐州西南的重要屏障。该镇原无城垣，太平军占领后，新筑了城墙，外添砖垒9座，凭河设险，广屯米粮军火，接济庐州、天京，因而在军事上、经济上都居重要地位。当时太平军的守将是吴定规。

10月24日，陈玉成在江苏六合接到湘军大举东犯安徽的报告，毅然决定回兵救援，并向洪秀全报告，要求调派李秀成部同往。

11月3日，李续宾率精兵6000进抵三河镇外围。11月7日，分兵三路向镇外9垒发起进攻，义中等六营进攻河南大街及老鼠夹一带之垒；左仁等三营进攻迎水庵、水晶庵一带之垒；副右等二营进攻储家越之垒。李续宾则亲率湘中等二营为各路后应。太平军依托砖垒顽强抵抗，大量杀伤敌人。湘军攻垒愈急，太平军

伤亡很大，便放弃镇外 9 垒，退入镇内，坚守待援。

在湘军大举进攻三河镇外围的当天，陈玉成率大队赶到，驻扎在三河镇南金牛镇一带。11 月 14 日，李秀成也率部赶到，驻于白石山。至此，集结在三河镇周围的太平军众达 10 余万人，和李续宾部湘军相比占绝对优势。

面对太平军援军的强大气势，李续宾的一些部将十分胆怯，建议退守桐城。骄悍的李续宾一意孤行，认为军事有进无退，只有死战，并于 11 月 15 日深夜派兵 7 营分左、右、中三路偷袭金牛镇。16 日黎明，当行至距三河镇 7.5 千米的樊家渡王家祠堂时，与陈玉成军遭遇。陈玉成抓住敌人冒险出击的有利时机，以少部兵力正面迎敌，吸引敌人，另以主力从湘军左侧抄其后路。正面迎敌之太平军且战且走，将敌人诱至设伏地域。

此时，一场大雾突然袭来，咫尺莫辨，鼓角相闻，敌我难分。李续宾率军过了金牛镇，赶过了陈玉成的部队，大雾弥漫，他还不知道陈军主力已在他的后方以逸待劳。陈玉成主力利用大雾的极好掩护，迅速从左路袭击湘军，并乘胜隔断中、右路之后路。湘军发现归路被断，仓皇后撤，在烟筒岗一带被太平军团团包围。

李续宾得知大队被围，急忙亲率 4 营前往救应，反复冲锋数十次，也未能突入重围。驻扎于白石山的李秀成部，闻金牛镇炮声不绝，立即赶往参战；驻守三河镇的吴定规也率部出镇合击湘军。李续宾见势不妙，逃回大营，并传令各部坚守待援。其实这时守垒的湘军有的已经逃散，有的被太平军阻截在外，因而有 7 个营垒被太平军迅速攻破。接着，李续宾的大营也被太平军包围。他督军往来冲突，终不得脱，当夜被太平军击毙（一说自杀）。之后，太平军继续围攻负隅顽抗的残敌，至 18 日，全部肃清。这一仗，凭借一场大雾的帮忙，太平军一举歼灭湘军精锐近 6000 人，是太平天国革命战争后期一次出色的歼灭战。

第四节　华盛顿靠大雾获得喘息之机翻盘

1775 年 4 月 19 日清晨，波士顿人民在莱克星顿上空打响了独立战争的第一枪，拉开了美国独立战争的序幕。

虽然打响了反抗的第一枪，但是起义军队与英军的实力悬殊。乔治·华盛顿领导的美国军队由志愿兵组成，既没有武器也没有制服。而相比之下，英国却拥有 42 万训练有素的战斗队伍，外加 3 万随时备用的德国雇佣军，且装备齐全。1776 年 8 月 22 日，在美国独立战争中的长岛战役中，华盛顿将军率领的美军本来可能遭到彻底的挫败，可是一场适时的大雾掩盖美军顺利撤退，为其以后的反攻埋下了伏笔。

除此之外，美国军队还没有得到所有本土殖民者的支持，约有 1/3 的殖民者继续支持英国政府。

1776 年 7 月 2 日，大陆会议召开宣布美国从英国独立，会议

乔治·华盛顿

发表了举世闻名的《独立宣言》。

　　此前英国人一直对北美殖民地的这次起义不以为然，然而从此以后，他们再也不敢掉以轻心了。他们从英国派出了最强大的远征军。这支32万人的远征军由威廉·豪爵士将军率领。军队乘坐500艘船抵达美洲，并在斯塔腾岛上建立基地。他们计划先把纽约，接着是新英格兰的其他叛乱地区与忠诚的殖民地隔离开来，以恢复殖民地的秩序。

　　华盛顿的部队面对英国人的围剿积极应对，他派出1/3的部队约两万人前往长岛。8月22日，约15万英国士兵在长岛的西端登陆。一周以后，他们迂回到美军的左侧发动进攻，那里没有天然屏障。可惜，持久的北风，退潮的潮水阻止了英军战舰进入纽约湾以及东河——他们本来可以从那里切断华盛顿士兵的唯一逃跑路线。

雾失楼台

英国人本可以在战争开始阶段，趁起义军羽翼未丰之时以枯拉朽之势击败撤退的美国军队。如果华盛顿在那里遭到全军覆没，美国革命就可能被扼杀于摇篮之中。然而从那天早上两点就开始笼罩长岛的大雾却挽救了美国人的命运。

8月29夜，长岛一带的大雾愈发浓重，十几米之外不见人影。华盛顿利用天赐良机，率部突破重围。

威廉·戈登牧师在1780年写道："如果不是天意改变风向，大半部队不可能越过封锁线，包括几名将军在内的许多人以及所有的重军械必将落入敌人的手中。如果不是神派出信使（雾）来掩护首条撤离战线以及美国人破晓之后的几次行动，他们肯定会遭受巨大的损失。"

华盛顿在长岛战役的损失还真不小，12万人被俘，400人牺牲。但是在大雾这个"天堂使者"的帮助下，其余的部队成功逃脱，为后来的战斗保存了实力。

第五节　大雾屡助拿破仑

拿破仑的一生富于传奇魅力，他创造了无数的战争神话，而在他的卓越战绩中，大雾功不可没。拿破仑甚至曾说："如果给我三天大雾，我将成为伦敦银行的主人！"

浓雾做掩护，拿破仑大胜反法联军

1792年，奥地利、萨丁尼亚、那不勒斯王国、普鲁士、西班牙和英国结成了第一次反法同盟，试图毁灭法兰西共和国。

1796年3月~1797年10月，拿破仑率领法国的意大利军团出国作战，经过6次大战，70余次小战，横扫了意大利北部，兵逼奥地利首都，迫使哈布斯堡王朝求和，从而彻底打破了第一次反法联盟对法国的围攻。在此次征战中，蒙德诺特之战的胜利十分关键，而此役的胜利，得益于一场突如其来的大雾天气。

拿破仑骑马图

1796年4月10日，法军神速地翻过了阿尔卑斯山顺利东进，并且猛击奥军中路，为抢占蒙德诺特做好了周密准备。11日，拿破仑又亲自赶到前线，部署兵力。

12日拂晓，一场大雾袭来，遮天蔽日，能见度极差，恰到好处地为近万名法军做好了掩护。

借助有利的天气，法军率先发起了攻击，如神兵天降突然出现在奥军的正面和侧翼，随即发起猛烈攻击。

奥军官兵被这突如其来的袭击吓懵了，他们来不及做有效的抵抗，便溃不成军。法军乘胜追击，仅仅用了几个小时就歼灭奥军3000余人，剩余的奥军丢盔弃甲，匆忙逃命，法军以很小的损失拿下了要塞蒙德诺特。

1797年拿破仑在意大利强迫奥地利接受及签下坎波福尔米奥条约，从此只剩下英国跟法国作战。

大雾令拿破仑再续辉煌

1798年，奥地利、英国、那不勒斯、鄂图曼帝国、教宗国、葡萄牙和俄罗斯结成第二次反法同盟。由于饱受督政府的分裂和腐败和缺乏资金，拿破仑也远在埃及作战，法国面对那些由英国资助的敌国，屡战屡败。

1799年8月23日，拿破仑秘密地从埃及回到法国。他随即在11月9日的雾月政变中，推翻督政府，夺取了政权。

1805年11月21日，拿破仑率领缪拉、拉纳和苏尔特三个军进驻奥斯特里茨，他要把俄奥联军引进他亲自选定的这个战场，以一个漂亮的歼灭战彻底打破目前所面临的困境。此时法军在奥斯特里茨只有53000人，对面的奥母兹聚集了85000俄奥联军，他相信联军会凭优势兵力发动进攻。为了确保对手上钩，拿破仑采取了一系列迷惑手段。先是在谈判中故意示弱，接着让部

油画　雾月政变

队做出准备撤退的假象。最后又走出大胆的一步：主动放弃位于战场中央的战略要地普拉钦高地，将自己的右翼彻底暴露在联军面前。与此同时，增援部队正在火速赶来，他们一旦到达，法军总兵力将达到73000人，足以和联军匹敌。对此重要消息，联军一无所知。

油画　奥斯特里茨战役

12月1日，拿破仑做出了最后的部署。左翼由拉纳的第五军（13000人）镇守北面的桑顿山，缪拉亲王的5600名骑兵预备军在后支援。南方的塔尔尼兹村和索科尔尼兹村是拿破仑故意暴露出来的右翼，吸引联军进攻。这一侧仅由苏尔特军的一个师12000人把守，师长列格朗。达武的第三军将在第二天凌晨抵达增援。苏尔特军余下的两个师（范达姆师和圣海拉尔师）则潜伏在战场中央，一旦联军主力都被吸引到南线，就一举攻下普拉岑高地，切断联军两翼的联系。

与此同时，反法联军总部也制定了自己的计划。这一计划正中拿破仑下怀：巴格拉季昂指挥右翼前锋部队进攻桑顿山，牵制法军。利希顿斯坦因的第五纵队则负责保障他和中央接合部的安全。联军主攻方向在南线，左翼前锋部队和第一二三四纵队在巴克斯霍顿的指挥下，将攻占塔尔尼兹村和索科尔尼兹村，打垮法军的右翼，然后向北全面包抄。

由于整个战场处在丘陵地带，除北面以外其他三面是一片沼泽，湖泊很多，致使空气中的水汽充足，入夜后，法军燃烧的大量火把释放出密集的烟尘，成为很好的水汽凝结核。

12月2日凌晨6点，一场大雾笼罩普拉岑高地。在前一晚的夜色中，驻守高地的联军看到法军阵地上一片火光，此时侦察兵在浓雾的掩蔽下，只看到火把熄灭，白茫茫一片，猜想着拿破仑的军队正准备向南转移到维也纳。于是前沿的哨兵高喊起来："法国军队撤离阵地了！法国军队跑了！"联军指挥官信以为真，连忙传令撤离高地，开始追击，企图切断法军撤向维也纳的退路。

上午8点半，由24000名俄奥联军组成的第四纵队也开始离开普拉岑高地，加入对南线的攻击。至此，南线已吸引了超过5

万人的联军主力。中央的普拉岑高地正如拿破仑的设想一样，变得兵力空虚。

上午9点，拿破仑下达了进攻的命令。也就在这时，红日终于透出云层，驱散了浓雾。蛰伏已久的法军精锐士兵敲着鼓点，挺着刺刀，一举冲上普拉岑高地，不费吹灰之力就将其占领。

此时，拿破仑下令整个左翼部队向联军发起全线进攻，一些俄军越过特尔尼茨和查特坎尼之间冰封的湖泊和沼泽地逃跑，结果由于湖面上的冰被法军炮击轰破，许多人溺水而死。

俄奥联军至此彻底失败。1.5万人当了俘虏，伤亡人数达1.22万人，另有133门火炮为法军缴获。

12月3日清晨，奥地利皇帝向拿破仑请求休战。拿破仑要俄军撤至波兰才答应议和。12月27日，法奥正式签订《普莱斯堡和约》，第三次反法同盟宣告失败。

第六节　德军巧借大雾赢海战

1916年5月31日~6月1日，在第一次世界大战期间，英国主力舰队和德国公海舰队在日德兰半岛以西斯卡格拉克海峡附近海域发生大规模海战，又称斯卡格拉克海战。

第一次世界大战爆发后，德国遭到英国的海上封锁。为打破封锁，1916年5月，德国舰队司令谢尔根据海上战争计划，

雾失楼台

确定如下行动：战列巡洋舰在斯卡格拉克海峡进行佯动，诱使英国舰队中的某一支大型编队出海，然后以主力截击，将其消灭。为了避免在英国基地附近与英国的整个舰队遭遇，德国事先在各阵地上层开了22艘潜艇。潜艇的任务是侦察和削弱驶出基地的敌舰，但是德国潜艇未能完成任务。5月30日，英国指挥部从截获的无线电报中得知德国舰队准备出海。因此英国"主力舰队"司令杰利科海军上将及时采取了必要的对策。他的计划是：英国舰队的主力进入斯卡格拉克海峡迎战敌人，并通过总决战将其消灭。

英国舰队共有151艘，战列舰28艘，战列巡洋舰9艘，装甲巡洋舰8艘，轻巡洋舰26艘，水上飞机母舰1艘、驱逐舰78艘、布雷舰1艘。

德国舰队共有110艘，战列舰22艘，战列巡洋舰5艘，轻巡洋舰11艘，驱逐舰72艘。

纵观这场海战，英军在兵力上占有绝对优势，各舰舷炮齐射的炮弹重量也比德军大1.5倍。但德军巧妙地利用斯卡格拉克海峡的海雾与英军周旋，最终使英军败北。

5月30日22时许，英前卫舰队（战列巡洋舰6艘、战列舰4艘，由贝蒂指挥）和主力舰队分别从罗赛斯、斯卡帕湾和因弗戈登出航东驶。

31日2时许，德前卫舰队（战列巡洋舰5艘，由希珀指挥）由亚德湾出航北上，主力舰队随后跟进。当日14时许，双方前卫舰队在斯卡格拉克海峡附近海域遭遇。

15时46分，双方在2.1万码（1码＝0.9144米）的距离上

开始射击。顿时，炮声隆隆，火光闪闪，纵横交错地在空中织成一个火网。这时，一场大雾袭来，德舰被大雾笼罩，英舰却被阳光照射，目标清晰地暴露在德舰面前。15 时 51 分，德舰把英国最新式的无畏级战列舰"狮"号的主炮塔炸毁，接着又命中数弹，"狮"号顷刻间烈火熊熊。不久，德舰又击沉了英舰的其他舰只。18 时 45 分，德舰避入茫茫雾霭。英舰害怕德舰的鱼雷和水雷，未敢追击。

当时针指向 18 点 55 分，德舰又调转航向，从雾中直冲暴露在阳光下的英舰。19 时 20 分，德舰又击毁英舰两艘。19 时 35 分，德舰在鱼雷艇队的掩护下，又避入茫茫大雾之中。

德舰得利就走，直到夜晚返回了德军海军基地威廉港。

日德兰海战中，英国损失战列巡洋舰 3 艘，装甲巡洋舰 3 艘，驱逐舰 8 艘，伤亡和被俘约 6800 人，德国损失战列巡洋舰 1 艘，老式战列舰 1 艘轻巡洋舰 4 艘，驱逐舰 5 艘，伤亡约 3100 人。

第七节　第二次世界大战中大雾唱主角

1940 年 5 月，德军绕过马其诺防线突袭西欧，一举击溃了强大的英法联军。5 月底，40 万英法联军被德军挤压在 50 千米宽的敦刻尔克海滨，情形万分危急。为挽救联军，英国发起了"发电机"撤退计划，而希特勒则将绞杀联军的重任交给了德国空军。

雾失楼台
WU SHI LOU TAI

等待撤退的联军

5月26日,"发电机"开始运转,可要让如此大规模的联军渡过风高浪急的英吉利海峡,谈何容易!德国空军很快把敦刻尔克港炸成了废墟,联军撤退进展极为缓慢。

就在联军困顿之时,敦刻尔克突降大雾,阴雨绵绵加上炮火硝烟,使这一区域能见度骤降。天气突变,使得德军空袭的效率大大降低,出动次数也大幅减少。持续9天的大撤退中,德军空袭仅维持了两天半,就草草收场。

正是一场大雾,让30多万英法联军龙归大海,创造了惊人的奇迹,而这也为其日后反攻西欧保存了力量。

1941年,已陷入侵华战争中不能自拔的日军,为了寻找出

敦刻尔克大撤退

路，于 1941 年 12 月 8 日（星期日）早晨，对美太平洋的舰队主要基地珍珠港进行了突然袭击，太平洋战争爆发。

1941 年 12 月 8 日，星期天的早晨，太阳从云雾中露出脸来，在夏威夷群岛的珍珠港内，美国太平洋舰队的各种大小军舰静静地停泊在轻波荡漾的水面上。准备上岸度假的美国官兵大多数正在用早餐，一些军舰上的水兵正在举行升旗仪式、收音机里播放着檀香山电台的爵士音乐，一派悠闲自得的情景。

此时，谁也没有料到，由 183 架日本飞机组成的庞大机群正在向珍珠港疾飞而来。

指挥官渊田美津雄海军中佐，这会儿，一边向机群下达修正定向仪罗盘的指令，一边听着檀香山电台的音乐。音乐节目结束后，播送着当天的天气预报：半晴，山上多雾。能见度良好。北风……渊田全神贯注地听着，脸上露出了微笑。

飞机下的云层突然薄了。

"海岸线！"渊田兴奋地喊道。他目不转睛地注视着珍珠港上

雾失楼台
WU SHI LOU TAI

空，哪里都没有敌机的影子，连一点儿防备的迹象也看不到。他又转头观察上空，看到的全是日本飞机，没有发生空战，也没有发现高射炮火。沉静果断的渊田舒了一口气，随即命令飞机："准备进攻！"

7时49分，攻击令下，日本飞机分别奔向珍珠港的机场上空，扑向锚泊在港内的战列舰上空，连续展开猛烈的攻击。

日本偷袭珍珠港

前后攻击2个小时，日本人完全统治着珍珠港的上空，354架次飞机随心所欲轰炸扫射，击沉击伤了美国太平洋舰队全部8艘战列舰和其他舰船10余艘，击毁美机260余架，美军伤亡4575人。而日本仅付出29架飞机的代价。

日本为了顺利掠夺东南亚的军用物资，在其偷袭珍珠港的同时，还打响了攻击菲律宾美军军事基地的战斗。

开战前的五六个小时，即12月7日晚上10时30分，驻台湾日军两次派遣侦察飞机，由台南基地飞至马尼拉以西沿海观测天

气。日海军舰空队原计划8日凌晨1时半开始陆续出击。日出后的20分钟就是6时半左右一齐袭击美军基地。据侦察机报告，台菲间以及吕宋岛天气比较好。孰料，7日晚上10时左右，台湾南部出现了雾，子夜雾更浓，能见度不到10米，无法按时起飞。

不过，在台南的恒春半岛，当时有雾却不是很浓，不影响飞机起飞。于是，驻恒春半岛的日军轰炸机群43架，于早晨6时左右起飞，在飞行中完成战斗编队，从云层上空隐蔽地飞向吕宋岛北部美军机场。

上午8时许，晨雾很快地消散了，于是从上午8时15分起，在1小时内又有日军轰炸机108架、战斗机90架从高雄起飞，在中午12时40分左右，分别飞临吕宋岛中部的美空军克拉克和伊巴两机场上空时，发觉上空几乎毫无防卫，不堪一击。

这次空袭使美军飞机损失100多架，死80人，伤150多人，机场设施遭到严重破坏。

美军之所以遭此惨败，究其原因是受到了台湾南部浓雾的捉弄。

真实的情况是，日军偷袭珍珠港后不到1小时，驻菲美军就接到开战的速报，立即紧急备战。预测天亮后，日军必来空袭。果然，上午8时许，日本轰炸机开始轰炸吕宋岛中部的几个空军重地。于是美机升空严阵以待。由于台湾两基地的雾有差异，导致美机在空中虚等了三四个小时，到了中午，机群降落基地休息并加油，造成这个"死角"时间，使日军乘虚而入，意外得逞。

1944年6月，盟军在诺曼底登陆，成功开辟出"第二战场"。至 12 月，盟军在西线已逼近德国本土。希特勒仍努力作困兽之斗，12 月中旬突然发起"秋雾"行动，即知名的阿登战役。

阿登位于比利时东南、法国东北部，山高林密，地势险要。战役发起前，德军气象部门已料定阿登地区将雨雪交加、大雾弥漫。12 月 16 日，正是在浓雾掩护下，德军发起突然袭击，迅速突破了盟军的防线。

盟军未能预料到德军的反击，于是紧急决定，让巴顿率第三集团军火速发起反击。但恶劣的天气使盟军寸步难行。巴顿甚至让牧师开始祷告，向上帝祈求好天气。

阿登战役中被击毁的德军坦克

令人惊讶的是，就在祷告的第二天（23 日），雪停雨住，大雾消散，宝贵的大晴天终于出现。盟军的战斗机再次遮蔽了天空，巴顿的大军迅速反击，将德军赶回了战役发起地。从此，德军在西线再也没能发起像样的进攻。这场变幻莫测的大雾，或许

正是上帝给德军变的戏法吧。

1945年7月，美国首枚原子弹试爆成功，而日本仍在负隅顽抗。于是，美国总统杜鲁门下定决心动用原子弹，以尽快结束战争。

1945年7月16日，美国第一颗原子弹试爆成功。为了制造原子弹结束战争的神话，并为战后称霸世界进行核讹诈，杜鲁门总统下令对日本实施核突袭。

为确保核突袭行动的顺利进行，美国进行了一系列精密细致的准备，在制订突袭计划，尤其是确定核突袭日期时，首先把气象条件放在了突出的位置。作战命令中指出："8月3日以后，只要天气允许，即可使用特殊炸弹（指原子弹），以目视轰炸突袭广岛、小仓、长崎、新鸿等目标之一。"这里的天气条件，就是指飞行气象条件和到达目标上空时的目视气象条件。因此，美军要求气象部门随时掌握日本的气象情报，并在24小时前做出目标区的天气预报，以便在轰炸前有足够的准备时间。

8月2日，509大队的B-29型轰炸机在美国的提尼安岛装载上了组装好的原子弹。由于是首次在战争中使用核弹，成功与否影响非同小可，因而所有人员都耐着性子等待合适的天气。8月3日、4日，天气一直不好，飞机无法起飞，突袭计划只好一天天往后推延。到了8月5日早晨，气象部门预报第2天将是晴天。

6日，天气果然不错。由于天空晴朗，能见度好，B-29型轰炸机在9400米的高空就清晰地找到了突袭目标之一的广岛相生桥。飞行员按动了投弹按钮，投下了原子弹"小男孩"，世界

雾失楼台

上第一次核突袭成功了。

原子弹"小男孩"在广岛爆炸

在8月6日美国对日本广岛核突袭成功之后16小时,杜鲁门总统发表声明,要求日本政府赶快投降,否则就将遭到"来自空中的毁灭"。但日本当局没有理睬,于是,美国就计划在8月11日对日本进行第2次核突袭,首选目标是小仓,预备目标长崎。但根据天气预报,8月11日天气恶劣,因此便把突袭行动提前到了8月9日。

当B-29型轰炸机飞至小仓上空时,天公不作美,浓浓大雾笼罩着袭击的目标,从飞机上看下去,只见一片白茫茫的云海,根本无法目视地面目标,轰炸机在云层上盘旋,曾三次试图向小仓投弹,都因目标上空云雾太浓而无法行动。于是飞机只好改飞预备目标——长崎。当飞机飞到长崎上空时,发现天空为多云,要目测瞄准地面目标也很困难,此时飞机上的燃料已经不多了,辅助油箱的油泵又出了故障,如果再不行动,飞机只能返航,就在这最后的时刻,飞行员突然发现云中有一空隙,于是利用云缝

瞄准山谷中的一条跑道，扔下了"胖子"原子弹。尽管弹着点偏离目标约2千米，仍造成人员伤亡66000余人。

两颗原子弹接连在日本本土爆炸，彻底摧毁了日军的战略防线和精神防线，给日本以致命打击。

时至今日，在小仓县历史博物馆仍有一个模拟核爆的展览，名字就叫"那天，如果天气晴朗……"

第六章

雾的"是是非非"
——关于雾的趣闻

雾在人们眼中是一种神秘的天气现象，它和人们的生活息息相关：我们的先人通过对它粗浅的认识，总结出不少民谚，比如"久晴生雾雨"、"久雨生雾晴"、"清晨浓雾一日晴"等等，而由于大雾天气导致的令人啼笑皆非的足球比赛更是不在少数，"哞哞"叫的神秘"雾牛"让人们百思不得其解，闻名世界的雾都究竟如何得名，我国雾最多的地方和最少的地方分别是哪里……要想知道这些，就请跟随我们的步伐一起了解一下关于雾的"是是非非"吧！

雾失楼台

WU SHI LOU TAI

第一节　预报天气的先兆
——关于雾的谚语

我国劳动人民经过长期积累，总结出了许多有关雾的谚语，如"十雾九晴"；"大雾不过三，过三，十八天"；"三日雾浓，必起狂风"；"凡重雾三日，必大雨"；"春雾日头，夏雾雨，秋雾凉风，冬雾雪"等。

虽然如今，我们观测天气都是采用先进的科学仪器，不过，先人留下的经验也是长期积累而来，包含一定的科学道理。如"久晴生雾雨"，久晴天气里，如果山顶生雾或山沟生雾，说明天气即将转坏，未来一两天内要降雨。"久雨生雾晴"，连阴雨天气里如果满天大雾，说明天气即将转好，未来24小时内要转晴。"清晨浓雾一日晴"，清早生大雾，说明是个好晴天。"久雾不散就是雨"，雾久不散便要下大雨。"冬雾晴"，冬天生雾，多是晴天。还有"雨后大雾，下次雨量大；雨后小雾，下次雨量小"等等。

下面介绍几条流传和运用较广的谚语。

十雾九晴

秋冬季节，当我们打开窗子时，常常是迷迷茫茫的大雾像烟一样飘进来，到了九十点钟以后，大雾渐渐散去，太阳当空，又是一个大晴天。

辐射雾

事实上，我们一般所看到的雾多是在天空晴朗无云的夜晚，地面强烈冷却而使近地面层空气中水汽凝结成小水滴悬浮于空气之中而生成的辐射雾。"十雾九晴"指的就是这种雾。而生成这种雾所需的气象条件是低层空气中有充分水汽、强烈的辐射作用以及微风。符合这三个条件的地区一般是在冷高压控制下或者是雨后受弱高压控制天气突然转晴，这两种天气系统控制下大都是晴好天气。此种雾也大都是在夜间或早晨出现，在太阳升起后由于地面强烈增温，近地面逆温层破坏，雾也就消散了，天空依然晴好。"十雾九晴"也就是这个意思。但是，当出现平流雾、蒸汽雾等，就不一定是晴好天气了。

昼雾阴，夜雾晴；早雾晴，晚雾雨

这条谚语看起来似乎是有矛盾的，其实只不过是这里的早晚所指的含意不同。"昼雾阴，夜雾晴"是指白天生雾会是阴雨天气，而夜间和凌晨生成的雾预示着晴天。"早雾晴，晚雾雨"指的是清晨我们看到雾可能预示着一个晴天，但是如果此雾不收，可能就会转成阴雨天气。

晨 雾

夜间和清晨所生成的雾大部分都是辐射雾。它形成于晴朗无云的夜晚，大多处于冷高压控制之下，多预示晴天。但是白天生成的雾可不是这种情况，白天地表面受太阳光照射是增热的，根本没有辐射散热的可能（指整个热量收支而言），另外在白天也不可能在近地层形成一个稳定的逆温层（锋面过境除外）。同时白天乱流比较强烈，在这些条件共同作用下，互相影响，在白天根本不可能形成辐射雾。

因此，白天所以能生成雾大部分都是平流引起的平流雾。最典型的要算是锋面雾了。锋面雾包括锋际雾、锋前雾、锋后雾三种。锋际雾本身就是贴近地面的低云，它只有在暖湿空气异常潮湿的情况下形成，在它的上面是一个又厚又广的云层（锋前雾本身就是阴雨天气中降水的产物，是这种降水在未到达地面时被蒸发后又凝结而成的），锋后雾是暖锋行经冷地表时凝结而成的雾。

所有这些雾都与锋面活动紧紧地联系在一起，所以说这些雾的生成，不但不是好天气的象征，相反却是坏天气的征兆。从这方面来看，"昼雾阴，夜雾晴"是很有道理的（锋后雾天气可能易于转好）。

夜　雾

　　清晨我们看到漫天大雾，太阳出来不久雾便消散，这是辐射雾的一个特点。但是，也有例外的情况，比如晴朗无云的夜晚，微风徐徐，它是生成辐射雾的良好环境，地面迅速辐射冷却，在微风乱流作用下，近地层空气在地表作用下也相应冷却，多余的水汽被迅速凝结成小雾滴，于是漫天大雾迅速形成。之后，如果有新的天气系统移来，在天空中铺盖上一层厚厚的云层，这样就形成了下面是漫天大雾，上面是厚厚云层的局面。

　　早晨太阳出来后，由于上面有一层厚厚的云层阻挡住阳光，地面就不能迅速增热，雾滴也不可能迅速蒸发或抬升，因此就造成大雾不收的情况。如果云层很厚，这种情景可能会维持相当长久的时间，以至一直到晚上不收都有可能，"早雾晴，晚雾雨"指的也就是这种情况，所以说如果早上看到雾，而且太阳出来后雾还一直不收，可以预见天空中已经存在一层厚厚的云层，未来天气转阴雨可能性很大。"早雾晴，晚雾雨"也是很有科学道理的。

黄梅里迷雾，雨就在半路

"黄梅天气"是指长江中下游流域在春夏交替之间，黄梅成熟季节里，此地域经常出现的连阴雨天气，俗称黄梅雨。产生这种雨是因为在初夏时期，北方冷空气势力虽然减弱，但是还有相当一部分势力可以伸入到长江中下游和淮河流域；而南方暖空气势力开始增强，暖空气势力能到达长江和淮河流域。冷暖空气在这一带交绥，形成静止锋天气。这个静止锋可以维持相当长一段时间，形成黄梅雨天气。

在黄梅雨天气里，有时由于冷空气势力稍强一些，将暖空气向南推动一些，这样一些地区可能暂时受锋后弱的冷高压控制天气转好。由于前些时候是静止锋天气降水使地面潮湿，温度也相对高些，现在突然转受弱冷高压控制，而冷空气温度是比较低的，天气又是比较晴朗的，这时在辐射冷却的作用下容易产生辐射雾（也有一部分是蒸发雾），这样形成的雾并不能说明天气系统是比较稳定的，天气会晴好，它是在不稳定的天气系统里形成的一种雾。只要静止锋再度北抬又可能造成降水。

另外一种情况是暖空气势力有时稍强，将冷空气往北顶一些，这样就形成暖空气行经冷地表时，容易产生暖锋后雾，天气又会转坏。所以说"黄梅里迷雾，雨就在半路"，是有一定的道

理的。

谚语"五月里迷雾，撑船勿问路"与"黄梅里迷雾，雨就在半路"意思相似。因为农历五月正是梅雨季节，这种锋后雾或槽前雾，预示会有大雨。

春雾日头，夏雾雨

春天，白天气温也并不是很高，而夜间又比较长，这样到晚上如果天上无云，地面本来就不多的热量能很快地通过辐射散热，使地温急剧下降，这时近地层空气只要比较潮湿，在地面冷却作用下很快达到饱和，凝结出水珠形成辐射雾。白天太阳出来，地面温度急剧上升，雾也跟着消散，这就是所谓"春雾日头"。

春 雾

我们知道，辐射雾最容易在春秋季节生成，因为春秋季节最容易具备生成辐射雾的三个基本条件。

夏季情况就不一样了。我国地处北半球，夏天昼长夜短，白天太阳对地面强烈照射，使地表温度急剧上升，加上白天又长，

雾失楼台
WU SHI LOU TAI

地面接受了很多热量，到了晚上即使是晴朗无云的夜晚，地表面以长波形式向空中辐射热量，使自己冷却，但是一则白天长，接受热量多不容易一下子散光，二则夜短，散失热量因时间所限不会太多，往往在尚未冷却到露点时，第二天的白天又开始了，太阳又重新照射，温度又开始上升。因此，夏季一般不会产生辐射雾，这样夏天如果产生雾多属其他类型，所以天气也就不见得晴好。

夏 雾

一种情况，夏天产生雾只有在空气非常潮湿的情况下，而上面空中又被一层厚厚云层所盖，这样太阳光射不到地面，空气就得不到热量而慢慢地冷却最后生成雾，而这种雾多预兆天气将转坏。另一种情况就是前面所讲的锋面雾，它更不是好天气的象征。所以农谚才有"夏雾雨"之说。

久晴大雾阴，久雨大雾晴

"久晴大雾阴，久雨大雾晴"，看起来似乎很矛盾。雾一般预

兆晴天，为什么晴天久了生成雾反而转阴下雨？

下雨久了空气本来就很潮湿，按理说出现雾也很平常，为什么久雨出现大雾又会晴天呢？而仔细分析一下，就会看出，这条谚语是很有道理的。

我们知道，生成雾的首要一个条件就是低层空气中要有相当充沛的水汽，没有充沛的水汽，雾当然是形不成的。

一个地方若持久晴天，大气一般都因白天蒸发，水汽不断散失，水汽不断减少，所以空气一般比较干燥。由于空气干燥，尽管昼夜温差很大，有了良好的冷却条件，还是不能有水汽凝结成小水滴形成雾。所以久晴的地方本不容易生成雾。当久晴的地方出现大雾，一般是有新的天气系统移来，会有一个转阴或伴有降水的过程，久晴大雾阴就是这个道理。

多日持续下雨，云层使地表层昼夜温差变小，一般不易有雾。雨后的雾多，是有较冷的气团或高气压移到这湿地面的表现。所以"久雨大雾晴"不无道理。

雾下山，地不干

雾与云并没有本质上的区别，雾是地上的云，云是空中的雾。半山腰的云层，从地上看来是云层，但在半山腰的人却认为它是雾。

我们平时所看到的雾下山，其实就是云逐渐降低高度的一种现象。当云底高度降低到贴近地面的高度也就成了雾，这种现象在暖湿气流湿度达到非常高时可能出现。对于暖锋云系来讲，我们先看到的是高云，后面是中云，再后面是低云。云层高度的逐渐降低说明所处的地方愈来愈接近锋面，因此天气即将转坏。

"地不干"意思是说有降水发生。

春雾不过三朝雨

"春雾不过三朝雨"与"春雾日头"并不矛盾,因为这里所指的是三天左右的天气变化;而"春雾日头"是指当天或第二天。

出现辐射雾,虽然预示着当天天气晴好,但也表明南下的冷空气,已经增暖变湿,而且高压中心已移到本地附近。在春季,由于高空环流平直,多小槽小脊活动,阴雨天气过程比较频繁。当前面的冷空气刚刚入海,后面紧接着又有新的冷空气南下或有低槽从西南地区移来,因此,不过3天本地也会有一次降雨的天气过程。

还有一种平流雾,它是暖湿空气流经较冷的地面或水面使温度降低,水汽饱和凝结而形成的。平流雾出现范围广,在沿海地区,常常跟海雾联系在一起。平流雾多出现在低槽前部或新的冷空气侵袭暖湿空气活跃的时候,所以能预示未来2～3天内将要下雨。有时,高空暖空气非常活跃,当地面出现平流雾时,空中已经有云形成,或者空中虽还没有云,但离低槽很近,东到东南风越吹越紧,随着低槽的移近,这种平流雾抬高后,也会变成云,并跟西边低槽前部移过来的云层连成一片。在这种情况下,往往不用再过2～3天,而是当天就会下雨。

气象专家们统计证明:凡出现春雾以后,3天内有雨的占80%～90%,如果出现雾的当天上午8时以前已经下雨,则有雾的当天及第2天均降雨的占90%左右。

链接

看雾测天歌诀

看雾测天分季节，季节测雾很重要，
一年四季不一般。时间症状更关键。
春天起雾天要变，久晴大雾兆阴雨，
阴雨绵绵无晴天。久雨大雾转晴天。
夏天起雾不见面，早晨起雾天不雨，
尽管大胆洗衣衫。夜里起雾雨绵绵。
秋天起雾扑人脸，雾色发白是晴兆，
当天太阳火炎炎。雾色灰沉阴雨连。
冬天雾起飞满天，雾上出头有大雨，
大雨大雪追后边。雾下河谷艳阳天。

第二节　雾中球赛趣事

对足球比赛来说，大雾可谓是一种灾害。雾中，能见度很低，直接影响球队的技战术水平的发挥，同时使看台上球迷视线受阻。也是因为大雾，赛场上常常会出现一些有趣的事。

1945年，一年一度的欧洲冠军杯赛在英国伦敦举行，这是除欧洲锦标赛之外全欧洲水平最高的足球比赛。又因为交锋的球队是两支欧洲劲旅——英格兰阿森纳俱乐部队与苏联的迪纳摩队。

雾失楼台

赛前，伦敦街上到处可以看见关于球赛的广告。许多市民的脸上显示出少有的兴奋与激动，就连那些平时不动声色的绅士们也表现得神采飞扬。

比赛这天伦敦天气晴朗，维多利亚体育场里已座无虚席，门口还挤满了买不到入场券的球迷们，大家都想亲眼目睹这一场超水平的冠军争霸赛。

看台上，热情的球迷玩起了"人浪"。伴随着音乐，只见身穿红色球衣的阿森纳队和身穿蓝色球衣的迪纳摩队分别由裁判领进绿茵场。哨子一响，比赛开始了。迪纳摩队中锋首先带球冲入对方禁区，阿森纳队3号后卫马尔蒂尼奋勇阻击。由于双方势均力敌，上半场均无建树。

下半场双方交换比赛场地，继续"开战"。当比赛进行10分钟后，阿森纳队教练要求换人，果然，中锋麦肯罗上场后，主队脚下生风，连连向迪纳摩队发起进攻，一连踢进了两个球。而迪纳摩队在对方强劲攻势下显得招架不住，急得人高马大的苏联著名教练伊万诺夫斯基是又挥拳又跺脚地吼叫不止。

这时，太阳忽然躲进了云层，天气渐渐变得灰蒙蒙的。伦敦人很快就明白：不好，要起雾了。大家知道，伦敦是世界著名的雾都。弥天大雾对伦敦市民来说实在是司空见惯的事，但他们却不愿意大雾在今天降临。

雾渐渐地向绿茵场笼罩过来；而"厮杀"得难分难解的两队足球健儿对渐渐袭来的大雾浑然不知。

比赛已进行了80分钟，比分仍然是2：0，阿森纳队领先。而离比赛结束的时间只有不到10分钟了，在这段时间里，迪纳摩

队要扳回两个球谈何容易！但迪纳摩队毫不气馁，他们凭借自己强悍的体力和英国人周旋，前锋彼得罗维奇不时地带球闯入对方腹地，在中锋安迪尔森的配合下，连连起脚射门，但因场上雾大，球都射偏了。

大雾越来越浓，观众的呐喊助威声也越来越响，他们早已看不清球员们身上的号码，只凭红、蓝两种颜色分辨着球队。

球队的队员们像许多红色和蓝色的流星，在白茫茫的大雾中飞速流动。在这种情况下，因为双方争斗太激烈，犯规屡屡出现，裁判竟然亮出了6张黄牌。

比赛结束的时间快到了，蓝队的彼得罗维奇急得不得了，正好接到队长奥兰多中路传来的球，他一路带球，强行突破，插入对方腹地，这时阿森纳队6号球员依黑前来阻挡，被彼得罗维奇抢球时肘部击打倒地，裁判一声哨响，掏出红牌将彼得罗维奇罚出场。彼得罗维奇不服气，嘟嘟囔囔地走下场来，坐在一边观看比赛。

这时，大雾笼罩着整个球场，球场上搏杀异常激烈，球场外的观众也不停地呐喊助威。迪纳摩队团结一心，奋力拼搏，在"天时、地利、人和"对他们不利的情况下，利用大雾混战之机，频频发动进攻，终于将比分扳平2∶2，顿时士气大振。

眼看着对方在3分钟之内进了两个球，阿森纳队的队员怨天尤人，互相指责。这场大雾好像故意和他们作对，帮了迪纳摩队的忙。

现在，球场上的每个球员都被裹在一片白茫茫的大雾中，对方的球门根本看不清了，只能凭各自不同的颜色模模糊糊分辨着

雾失楼台

双方的队友。每个人都有这么一个念头：以大雾作掩护，踢进决定胜负的一球！

这时，坐在场地边的彼得罗维奇突然站起来，朝四周望了望，见不到那个罚他下场的裁判，便一跃身子，窜入了雾蒙蒙的球场。

谁也不知道一个被红牌罚下场的队员会重新上场。彼得罗维奇使出了浑身解数，接过队友传来的球，左突右窜，迎面碰上队友维阿。维阿吃了一惊。彼得罗维奇连忙向他做了个暗示动作，然后带球而去，绕开阿森纳队的中锋麦肯罗，中路突破至禁区，拔脚怒射！只听观众中响起了一片欢呼声。"球进了！""冠军——阿森纳！冠军——阿森纳！"

这时苏联迪纳摩队的球员们全都懊丧起来。原来，大雾中辨不清方向，彼得罗维奇急昏了头把球踢进了自己的球门！彼得罗维奇也只得哑巴吃黄连——有苦说不出来！

1987年6月，在广东梅县体育场，辽宁队和青海队正在进行第六届全运会足球预赛。下半时进行到10分钟时，辽宁队一次攻门，主裁判眼看着足球呈弧线飞进了青海队的大门，他吹哨判此球有效。可跑过去一看竟发现是落在球网外的，并未进门。原来，比赛当时球场雾气较重，雾滴浓度分布不均匀，使主裁判产生了类似"海市蜃楼"的错觉，以为球进了大门。

1989年1月9日，欧洲冠军杯足球赛上，意大利AC米兰队客场迎战南斯拉夫红星队。AC米兰队当时的形势是只有获胜才能进入下一轮。下半场时，红星队首开纪录，以1∶0领先，而AC米兰队又有两人被罚下场，只有9人与对方11人对抗，败局已基本定了。

可是就在此时，球场上突然下起了大雾，渐渐地伸手不见五指了。裁判与欧洲足联代表商量后决定，这场比赛改日进行，按着规则，当天进行的51分钟比赛作废。结果第二天AC米兰队以一个点球击败了红星队，而后又过关斩将，夺得了冠军。这真是一场大雾帮助夺得的冠军。

第三节 神秘的"雾牛"

春夏季节，当你漫步在青岛海滨欣赏海景时，也许会发现，在海天相接的远方，水汽迷蒙，渐渐变得混混沌沌，不一会儿，你视野中的蓝天碧海罩上了一层乳白色的云翳。继而乱云飞驰，从头顶上飘过去像团团棉絮；而从海面上涌来的，恰似一堵堵高耸的云墙。转眼间，一切景物都神话般地隐没在茫茫雾海中，几十米外的景物都难已辨认。周围山顶上的宝塔、钟楼上高耸的十字架，若隐若现，显得虚无缥缈。这就是青岛的雾景奇观。

那么，青岛海雾又是怎样形成的呢？

它是由一支源于渤海的冷水团，沿山东半岛向南而流，经过的海面海水温度比周围低，再加上东南季风盛行时，南方海洋上的温暖空气源源北上，使贴近海面的一层冷却，形成平流雾，俗称海雾。

雾失楼台

青岛海雾

海雾和内陆常见的辐射雾不同。辐射雾多在傍晚和早晨晴好无风的天气里形成，素有"晨雾暮霭"之说；且一般较浅薄，通常只有几米到几十米厚，维持时间也不过几个小时。

海雾生成前一般需有 12 小时或更长时间的南到东南风，4～5 级风对海雾的生成和维持较为有利。

海雾一般厚达几十米到 300 多米，持续时间少则几小时，多则几天。海雾虽然给沿海城市的风光增添了姿色，但对航运、捕捞、水产养殖等却有很不利的影响。

奇怪的是，每逢大雾来临时，在青岛前海和市南区一带，人们总能听到一种"呜呜……"的奇怪声响，从浓雾深处传来，像老牛在吼叫。说不清这叫声是来自海底，还是来自空中或哪处礁岩上。这断断续续的叫声在茫茫雾海中回荡，显得神秘莫测。

有人说这是神秘的"雾牛"又叫了。传说雾牛是 50 多年前，由外国人给沉到海底的，每逢大雾天它就会自动叫起来，雾消了，叫声也就停止了。一般人都说不清这究竟是怎么回事。据说有人曾在雾中驾船寻找"雾牛"，只觉得叫声忽而在船前，忽而在船后，真是莫名其妙。

为了揭示"雾牛"之谜，气象学家们多次走访、调查，有一次来到灯塔站，忽然发现原来这头"牛"，既不是铁的，也不是铜的，而是电的。

"牛"头是一只大喇叭安装在塔顶上，"牛"身是变压器，计数器和开关放在塔底，工作人员叫它"雾笛"或"雾号"。它是一架类似防空警报器的电动装置，380伏的高压电流作用于电磁铁上，使喇叭口里的钢片震动发出声响。喇叭口朝向正对着航道，每当港口及附近海面上有雾，水平能见度较差时，工作人员合上电闸，"雾牛"就呜呜地叫起来，为进出港口的船只引航。

现在你知道海雾和"雾牛"是怎么回事了吧？

第四节　雾之最

世界雾都——伦敦

英国首都伦敦位于大西洋中，水汽非常充沛，加上城市的"雾岛效应"，平均每5天就有一天是大雾天，因此获得了"雾

雾失楼台

都"的别名。

20世纪初，伦敦人大部分都使用煤作为家居燃料，产生大量烟雾。这些烟雾形成了伦敦远近驰名的烟霞，英语称为London Fog（伦敦雾）。因此，英语有时会把伦敦称作"大烟"（The Smoke）。

伦敦

喜爱英国文化的旅游者或许会暂时沉浸于雾都的朦胧景色，但长住在此的伦敦人对此深感困扰。浓雾会妨碍交通，高浓度的二氧化硫和烟雾颗粒更会危害居民健康。为此，英国于1875年通过公共卫生法案，尝试减少城市污染。到20世纪20年代，由于政府对工业加强管理，煤在工业燃料中所占的比例下降，煤烟污染有所减轻，但并无质的改观。

1952年12月5日~9日期间，伦敦烟雾事件令4000人死亡，政府因而于1956年推行了《空气清净法案》，于伦敦部分地区禁止使用产生浓烟的燃料。1968年又颁布了一项清洁空气法案，要

求工业企业建造高大的烟囱,加强疏散大气污染物。1974年出台"空气污染控制法案",规定工业燃料里的含硫上限。这些措施有效地减少了烧煤产生的烟尘和二氧化硫污染。1975年,伦敦的雾日由每年几十天减少到了15天,1980年降到5天。雾都已经名不符实。

20世纪80年代开始,数量持续增加的汽车取代煤成为英国大气的主要污染源。汽车排放的其他污染物如氮氧化物、一氧化碳、不稳定有机化合物在阳光中的紫外线作用下发生复杂的光化学反应,产生以臭氧为主的多种二次污染物,称为"光化学烟雾"。

1995年,英国通过了《环境法》,要求制定一个治理污染的全国战略。2001年,伦敦市发布了《空气质量战略草案》。目前伦敦大气中的可吸入颗粒物和氮氧化物含量仍高于国家空气质量目标限定的最高含量,这些污染物主要来自交通工具。市政府将大力扶持公共交通,目标是到2010年把市中心的交通流量减少10%~15%。伦敦还将鼓励居民购买排气量小的汽车,推广高效率、清洁的发动机技术以及使用天然气、电力或燃料电池的低污染汽车。

如今,慕雾都之名而来的人们可能会失望,只有偶尔在冬季或初春的早晨才能看到一层薄薄的白色雾霭,无数英国文学作品中曾经描绘过的沿街滚滚而下的黄雾已经消失了踪影。阳光驱散薄雾后,四周是一片清明,让人难以想像当年迷离晦暗的雾中情景。对伦敦来说,或许是失去了少许神秘和浪漫的气氛,但得到的却是更高的生活质量。

雾失楼台

中国雾都——重庆

我国的重庆,每年冬春两季雾霭茫茫,有时一连数日大雾弥漫,曾有"雾重庆"和"中国雾都"之称。一年之内,重庆的雾日有103天,有的年份多达148天,最多达206天,平均两三天就有一天雾日,是世界上雾日最多的城市之一。

中国的"雾都"重庆

重庆的雾往往有规律地从低处向高处形成。晴夜凌晨，从高处俯瞰两江，首先看到江心灯火的倒影和江边船只被雾淹没。然后，两岸离江较近的建筑群自下而上依次被雾遮盖。此时，晨曦从东方升起，雾不再继续增高，稳定在半山腰间，山顶的建筑群如漂浮在雾海上的群岛，在阳光的辉映下格外鲜明。但也有不少清晨，雾不仅形成早，而且厚度也大，整个市区被淹没在浓雾之中，数步之外，不辨人形。

重庆位于四川盆地东南部，丘陵起伏，水系纵横，滔滔嘉陵江和长江环抱市区，三面环水一如半岛，形似秋叶一片，有诗云"片叶浮沉巴子国，双江襟带浮图关"，正说明了城市的位置和形状。

这里曾三为国都，四次筑城。商末周初的巴国，元末明初的大夏国，都曾建都于此。秦汉到南北朝皆为巴郡所治，隋朝改称渝州，故史称"巴渝"。宋改恭州，南宋光宗1189年先封恭王，旋登帝位，自诩"双重喜庆"，重庆由此得名。第二次世界大战时期，重庆是中国战时陪都和世界反法西斯战争远东指挥中心。新中国成立后为中央直辖市、西南行政区首府，1955年改为四川省省辖市，1997年重新设为中央直辖市。巍峨的高山，低回的河谷，承载着重庆三千年的文明史。

重庆的城市建设，大到整体规划，小到单体设计，均将"因地制宜，随坡就势"的原则发挥到了极致，造就了重庆极富特色的城市形象。现在的重庆，摩登的高楼大厦与古老的民居交相辉映，城市轮廓线错落有致，入夜后隔江遥望，灿烂灯火倒映江中，宛如一座水上浮宫。

雾失楼台
WU SHI LOU TAI

但重庆的雾，却一直是当地人心头难解的结。从气象条件看，重庆的雾基本上都是辐射雾，大多出现于日出之前，消散于日出之后，而且多出现于夜晚天气转晴的翌晨。同其他地方的辐射雾相比，重庆的雾具有浓度大、延续时间长和出现次数多的特点，这与其所处的特殊地理环境有关。首先，重庆四周环山，入夜及午前经常风力微弱或无风，全年平均风速仅1.4米/秒。夜晚天空转晴时，河谷及低地易于形成辐射逆温，为雾的形成创造了有利的散热条件。同时由于两江萦回，水系阡陌相连，下垫面水汽来源充沛，为雾的形成创造了有利的水分条件。再加上重庆人口稠密，厂矿众多，空中烟尘密度大，凝结核充足，为雾的形成提供了有利的凝结条件。这些条件加在一起，对雾的形成十分有利。入冬以后，雾气更重，天气灰蒙蒙的，很少能见到太阳。

治理整顿环境、摘掉"雾都"帽子，已到了刻不容缓的地步了。2001年以来，当地政府投巨资启动了净空工程和蓝天行动，通过控制扬尘污染、燃煤及粉烟尘污染、机动车污染、保护和建设城市生态环境等措施，终于使重庆空气质量得到了改善。如今，重庆市雾天少了，重现蓝天白云的目的终于实现。作为亚洲第一个承办亚太城市市长峰会的城市，重庆的环保成绩无疑得到了国际认可。

无雾港

无雾港是指我国华南沿海地区。那里年雾日一般不超过25

天，范围也局限于沿岸 100～200 千米以内。大致在北纬 20 度左右以南公海上一般无雾。因为热带海洋上水温普遍很高，温度梯度小，气温难以降到露点。例如，最近 50 年中台湾花莲港没有出现过雾日，台东、恒春 50 年中也只有 1～2 次。

西沙群岛平均 3 年才有 1 次雾，海南岛南缘的榆林港因为从未出现过雾，因而也有"无雾港"之称。

西沙群岛

我国雾日最多的地方

我国雾日最多的地方是四川峨眉山。1953～1970 年间，峨眉山年平均雾日 323.4 天，最少一年也有 309 天，最多一年达 334 天。7～10 月各月平均雾日达 28 天以上，雾最少的 12 月份，月平均雾日也有 24 天，这些都是全国最高记录。

我国雾日最少的地方

我国雾日最少的地方，不在水汽贫乏的西北内陆沙漠地区，却在热带的浩瀚南海之中。这是因为北方气温为10℃时华南热带地区已25℃~30℃。10℃时饱和的水汽是9.4克/立方米；30℃时饱和水汽则要达到30.4克/立方米。就是说热带地区近地层更难达到水汽饱和，当然雾也就少了。

附录　文学作品中的雾

一、描写雾的古诗词

浪淘沙
——唐·刘禹锡

日照澄洲江雾开，淘金女伴满江隈。
美人首饰侯王印，尽是沙中浪底来。

送崔校书赴梓幕
——唐·司空曙

碧峰天柱下，鼓角镇南军。
管记催飞檄，蓬莱辍校文。
栈霜朝似雪，江雾晚成云。
想出褒中望，巴庸方路分。

送刘十五之郡
——唐·王昌龄

平明江雾寒，客马江上发。
扁舟事洛阳，窅窅含楚月。

元次山居武昌之樊山，新春大雪，以诗问之
——唐·孟彦深

江山十日雪，雪深江雾浓。
起来望樊山，但见群玉峰。
林莺却不语，野兽翻有踪。
山中应大寒，短褐何以完。
皓气凝书帐，清著钓鱼竿。
怀君欲进谒，谿滑渡舟难。

【十二月一日三首】之二
——唐·杜甫

寒轻市上山烟碧，日满楼前江雾黄。
负盐出井此溪女，打鼓发船何郡郎。
新亭举目风景切，茂陵著书消渴长。
春花不愁不烂漫，楚客唯听棹相将。

雾
——唐·李峤

曹公迷楚泽，汉帝出平城。
涿鹿妖氛静，丹山霁色明。
类烟飞稍重，方雨散还轻。
倘入非熊兆，宁思玄豹情。

远山澄碧雾

——唐·李世民

残云收翠岭，夕雾结长空。
带岫凝全碧，障霞隐半红。
仿佛分初月，飘飖度晓风。
还因三里处，冠盖远相通。

赋得花庭雾

——唐·李世民

兰气已熏宫，新蕊半妆丛。
色含轻重雾，香引去来风。
拂树浓舒碧，萦花薄蔽红。
还当杂行雨，仿佛隐遥空。

水亭夜坐赋得晓雾

——唐·李益

月落寒雾起，沉思浩通川。
宿禽啭木散，山泽一苍然。
漠漠沙上路，沄沄洲外田。
犹当依远树，断续欲穷天。

咏雾

——唐·董思恭

苍山寂已暮，翠观黯将沉。

终南晨豹隐，巫峡夜猿吟。
天寒气不歇，景晦色方深。
待访公超市，将予赴华阴。

咏雾

——唐·苏味道

氤氲起洞壑，遥裔匝平畴。
乍似含龙剑，还疑映蜃楼。
拂林随雨密，度径带烟浮。
方谢公超步，终从彦辅游。

凌雾行

——唐·韦应物

秋城海雾重，职事凌晨出。
浩浩合元天，溶溶迷朗日。
才看含鬓白，稍视沾衣密。
道骑全不分，郊树都如失。
霏微误嘘吸，肤腠生寒栗。
归当饮一杯，庶用蠲斯疾。

无题

——唐·白居易

花非花，雾非雾，

夜半来，天明去。

来如春梦几多时？

去似朝云无觅处。

踏莎行·雾失楼台

——宋·秦观

雾失楼台，月迷津渡，桃源望断无寻处。

可堪孤馆闭春寒，杜鹃声里斜阳暮。

驿寄梅花，鱼传尺素，砌成此恨无重数。

郴江幸自绕郴山，为谁流下潇湘去？

江楼夜话

——宋·白玉蟾

江雾秋楼白，灯花夜雨青。

九天无一梦，此道付晨星。

劝赠李朝散

——宋·苏辙

江雾霏霏作雪天，樽前醉倒不知寒。

后堂桃杏春犹晚，试觅酥花子细看。

次韵冯弋同年
——宋·苏辙

细雨濛濛江雾昏,坐曹聊且免泥奔。
卖盐酤酒知同病,一笑何劳赋北门。

晓经八盘岭赴东宫讲堂
——宋·杨万里

至前至后恰多晴,山北山南间一登。
瘦石经霜乾脱藓,细泉滴涧旋成冰。
海波贯日红千丈,江雾萦楼玉万层。
资善堂前得春早,宫梅一朵掠觚棱。

题南溪竹上
——宋·苏轼

湖上萧萧疏雨过,山头霭霭暮云横。
陂塘水落荷将尽,城市人归虎欲行。

大雾垂江赋

大哉长江!西接岷、峨,南控三吴,北带九河。汇百川而入海,历万古以扬波。至若龙伯、海若,江妃、水母,长鲸千丈,天蜈九首,鬼怪异类,咸集而有。盖夫鬼神之所凭依,英雄之所战守也。

时也阴阳既乱,昧爽不分。讶长空之一色,忽大雾之四屯。虽舆薪而莫睹,惟金鼓之可闻。初若溟濛,才隐南山之豹;渐而

充塞，欲迷北海之鲲。然后上接高天，下垂厚地；渺乎苍茫，浩乎无际。鲸鲵出水而腾波，蛟龙潜渊而吐气。又如梅霖收溽，春阳酿寒；溟溟漠漠，浩浩漫漫。东失柴桑之岸，南无夏口之山。战船千艘，俱沉沦于岩壑；渔舟一叶，惊出没于波澜。甚则穹昊无光，朝阳失色；返白昼为昏黄，变丹山为水碧。虽大禹之智，不能测其浅深；离娄之明，焉能辨乎咫尺？

于是冯夷息浪，屏翳收功；鱼鳖遁迹，鸟兽潜踪。隔断蓬莱之岛，暗围阊阖之宫。恍惚奔腾，如骤雨之将至；纷纭杂沓，若寒云之欲同。乃能中隐毒蛇，因之而为瘴疠；内藏妖魅，凭之而为祸害。降疾厄于人间，起风尘于塞外。小民遇之夭伤，大人观之感慨。盖将返元气于洪荒，混天地为大块。

——明·罗贯中《三国演义》

二、中外作家笔下的雾景描写

关于雾气的描写——

雾笼罩着江面，气象森严。十二时，"江津"号启碇顺流而下了。在长江与嘉陵江汇合后，江面突然开阔，天穹顿觉低垂。浓浓的黄雾，渐渐把重庆隐去。一刻钟后，船又在两面碧森森的悬崖陡壁之间的狭窄的江面上行驶了。

你看那急速漂流的波涛一起一伏，真是"众水会万涪，瞿塘争一门"。而两三木船，却齐整的摇动着两排木桨，像鸟儿扇动着翅膀，正在逆流而上。我想到李白、杜甫在那遥远的年代，以一叶扁舟，搏浪急进，该是多少雄伟的搏斗，会激发诗人多少瑰丽的诗思啊！……不久，江面更开朗辽阔了。两条大江，骤然相

雾失楼台

见，欢腾拥抱，激起云雾迷蒙，波涛沸荡，至此似乎稍为平定，水天极目之处，灰蒙蒙的远山展开一卷清淡的水墨画。

……

下午三时，天转开朗。长江两岸，层层叠叠，无穷无尽的都是雄伟的山峰，苍松翠竹绿茸茸的遮了一层绣幕。近岸陡壁上，背纤的纤夫历历可见。你向前看，前面群山在江流浩荡之中，则依然为雾笼罩，不过雾不像早晨那样浓，那样黄，而呈乳白色了。现在是"枯水季节"，江中突然露出一块黑色礁石，一片黄色浅滩，船常常在很狭窄的两面航标之间迂回前进，顺流驶下。山愈聚愈多，渐渐暮霭低垂了，渐渐进入黄昏了，红绿标灯渐次闪光，而苍翠的山峦模糊为一片灰色。

当我正为夜色降临而惋惜的时候，黑夜里的长江却向我展开另外一种魅力。开始是，这里一星灯火，那儿一簇灯火，好像长江在对你眨着眼睛。而一会儿又是漆黑一片，你从船身微微的荡漾中感到波涛正在翻滚沸腾。一派特别雄伟的景象，出现在深宵。我一个人走到甲板上，这时江风猎猎，上下前后，一片黑森森的，而无数道强烈的探照灯光，从船顶上射向江面，天空江上一片云雾迷蒙，电光闪闪，风声水声，不但使人深深体会到"高江急峡雷霆斗"的赫赫声势，而且你觉得你自己和大自然是那样贴近，就像整个宇宙，都罗列在你的胸前。水天，风雾，浑然融为一体，好像不是一只船，而是你自己正在和江流搏斗而前。

……

朦胧中听见广播到奉节。停泊时天已微明。起来看了一下，峰峦刚刚从黑夜中显露出一片灰蒙蒙的轮廓。启碇续行，我到休

息室里来，只见前边两面悬崖绝壁，中间一条狭狭的江面，已进入瞿塘峡了。江随壁转，前面天空上露出一片金色阳光，像横着一条金带，其余天空各处还是云海茫茫。瞿塘峡口上，为三峡最险处，杜甫《夔州歌》云："白帝高为三峡镇，瞿塘险过百牢关。"古时歌谣说："滟滪大如马，瞿塘不可下；滟滪大如猴，瞿塘不可游；滟滪大如龟，瞿塘不可回；滟滪大如象，瞿塘不可上。"这滟滪堆指的是一堆黑色巨礁。它对准峡口。万水奔腾一冲进峡口，便直奔巨礁而来。你可想像得到那真是雷霆万钧，船如离弦之箭，稍差分厘，便撞得个粉碎。现在，这巨礁，早已炸掉。不过，瞿塘峡中，激流澎湃，涛如雷鸣，江面形成无数游涡，船从漩涡中冲过，只听得一片哗啦啦的水声。过了八千米的瞿塘峡，乌沉沉的云雾，突然隐去，峡顶上一道蓝天，浮着几小片金色浮云，一注阳光像闪电样落在左边峭壁上。右面峰顶上一片白云像白银片样发亮了，但阳光还没有降临。这时，远远前方，无数层峦叠嶂之上，迷蒙云雾之中，忽然出现一团红雾，你看，绛紫色的山峰，衬托着这一团雾，真美极了。就像那深谷之中向上反射出红色宝石的闪光，令人仿佛进入了神话境界。这时，你朝江流上望去，也是色彩缤纷：两面巨岩，倒影如墨；中间曲曲折忻，却像有一条闪光的道路，上面荡着细碎的波光；近处山峦，则碧绿如翡翠。时间一分钟一分钟过去，前面那团红雾更红更亮了。船越驶越近，渐渐看清有一高峰亭亭笔立于红雾之中，渐渐看清那红雾原来是千万道强烈的阳光。八点二十分，我们来到这一片晴朗的金黄色朝阳之中。

抬头望处，已到巫山。上面阳光垂照下来，下面浓雾滚涌上

雾失楼台

去，云蒸霞蔚，颇为壮观。刚从远处看到那个笔直的山峰，就站在巫峡口上，山如斧削，隽秀炯挪，人们告诉我这就是巫山十二峰的第一峰，它仿佛在招呼上游来的客人说："你看，这就是巫山巫峡了。""江津"号紧贴山脚，进入峡口。红通通的阳光恰在此时射进玻璃厅中，照在我的脸上。峡中，强烈的阳光与乳白色云雾交织一处，数步之隔，这边是阳光，那边是云雾，真是神妙莫测。几只木船从下游上来，帆篷给阳光照的像透明的白色羽翼，山峡却越来越狭，前面两山对峙，看去连一扇大门那么宽也没有，而门外，完全是白雾。

……

——刘白羽《长江三日》

雾遮没了正对着后窗的一带山峰。

我还不知道这些山峰叫什么名儿。我来此的第一夜就看见那最高的一座山的顶巅像钻石装成的宝冕似的灯火。那时我的房里还没有电灯，每晚上的暗中默坐，凝望这半空的一片光明，使我记起了儿时所读的童话。实在的呢。这排列得很整齐的依稀分为三层的火球，衬着黑魆魆的山峰的背景，无论如何，是会引起非人间的缥缈的思想的。

但在白天看来，却就平凡得很。并排的五六个山峰，差不多高低，就只最西的一峰戴着一簇房子，其余的仅只有树；中间最大的一峰竟还有濯濯地一大块，像是癞子头上的疮疤。

现在那照例的晨雾把什么都遮没了；就是稍远的电线杆也躲得毫无影踪。

渐渐地太阳光从浓雾中钻出来了。那也是可怜的太阳呢！光是那样的淡弱。随后它也躲开，让白茫茫的浓雾吞噬了一切，包围了大地。

　　我诅咒这抹煞一切的雾！

　　我自然也讨厌寒风和冰雪。但和雾比较起来，我是宁愿后者呵！寒风和冰雪的天气能够杀人，但也刺激人们活动起来奋斗。雾，雾呀！只使你苦闷，使你颓唐阑珊，像陷在烂泥潭中，满心想挣扎，可是无从着力呢！

　　傍午的时候，雾变成了牛毛雨，像帘子似的老是挂在窗前。两三丈以外，便只见一片烟云——依然遮抹一切，只不是雾样的罢了。没有风，门前池中的残荷梗时时忽然急剧地动摇起来，接着便有红鲤鱼的活泼泼地跳跃划破了死一样平静的水面。

　　我不知道红鲤鱼的轨外行动是不是为了不堪沉闷的压迫？在我呢，既然没有呆呆的太阳，便宁愿有疾风大雨，很不耐这愁雾的后身的牛毛雨老是像帘子一样挂在窗前。

——矛盾《雾》

　　隔断了众人与我的是漫天的雾。任是高屋崇楼，如水的车辆，拥挤的行人；一切都不复存在，连自己行走时摇荡出去的手臂也消失在迷茫之中了。

——靳以《雾》

　　屋子外面，原是浓厚得对面不见人影的晨雾，这时已经消退，变淡了。慢慢得势的阳光里，白蒙蒙的雾点子，一阵一阵地翻腾，飘散，好像沙沙有声。篱笆，土堆，墙头，都在雾气里显出模糊的形象。

——王西彦《春回地暖》

关于雾霭的描写——

像轻纱，像烟岚，像云彩；挂在树上，绕在屋脊，漫在山路上，藏在草丛中。一会儿像奔涌的海潮，一会儿像白鸥在翻飞。霞烟阵阵，浮去飘来，一切的一切，变得朦朦胧胧的了。顷刻间，这乳白色的轻霭，化成小小的水滴。洒在路面上，洒在树丛中，洒在人头脸上。轻轻的，腻腻的，有点潮湿。人们吸进这带有野菊花药香味儿的气息，觉得有点微醺。

——仇智杰《雾纱赋》

关于晨雾的描写——

夜雾慢慢淡了，颜色变白，像是流动着的透明体，东方发白了。浮动着的轻纱一般的迷雾笼罩着曹阳新村，新村的建筑和树木若有若无。说它有吧，看不到那些建筑和树木的整体；说它没有吧，迷雾开豁的地方，又隐隐露出建筑和树木部分的轮廓，随着迷雾的浓淡，变幻多姿，仿佛是海市蜃楼。

——周而复《上海的早晨》

不知什么时候起了雾。黎明时分，浓雾像棉团似的从上游滚滚而来；爬上河岸，越上树丛，向两侧泛滥开去……浓雾塞满了小棚，沾在脸上湿漉漉的、滑腻腻的；我们谁也看

不清谁的脸。

——叶蔚林《在没有航标的河流上》

这次来杭州，一下火车，碰巧又是个雨天。"湖光潋滟晴方好，山色空蒙雨亦奇"，这两句诗提起我的兴致，又冒雨去泛湖。苍茫的湖上只有我一叶扁舟，可见像我这样的疯子原是不多的。虽然全身淋湿，我丝毫也不后悔。上次雨中登山，领略了非常的湖景，这次乘雨泛舟，又欣赏了出奇的山色。雨中的山色，其美妙完全在若有若无之中。若说它有，它随着浮动的轻纱一般的云影，明明已经化作蒸腾的雾气。若说它无，它在云雾开豁之间，又时时显露出淡青色的、变幻多姿的、隐隐约约、重重叠叠的曲线。若无，颇感神奇；若有，倍觉亲切。要传神地描绘这幅景致，也只有用米点的技法。

……

有一个浓雾的早晨，我来到堤边。四处迷迷茫茫，山和湖都不见了，面前只有看不透的乳白色的混沌。唉乃之声由远而近，和悦耳的鸟声相应和。白色的空洞里隐隐约约有一个点子，而后，一只船的轮廓渐渐显露出来。这是这一天最早的一只游艇。

——于敏《西湖即景》

清晨，浓雾弥漫。依照医生的嘱咐，我在湖滨悠闲地散步。耳边只闻鸟鸣，百啭千声，都看不见它们玲珑身影。一团团微带寒意的浓雾不时扑在脸上，掠过身旁。平日那装着耀眼的高压水银灯泡的路灯,今天显得那么暗淡无力,在翻腾缭绕的雾气中闪烁迷离。我仿佛正走进一个童话世界。

——张平《镜湖晨雾》

关于夜雾的描写——

有一回从滑雪会走回松雪楼,忽然察觉路上有一层雾,一下子浓了过来,一下子又散了开去,那真是一种奇妙的经验,仿佛走进一个雾帐,雾自发边流过,自耳际流过,自指间流过,都感觉得到;又仿佛行舟在一条雾河,两旁的松涛声鸣不住,轻舟一转,已过了万重山,回首再望,已看不见有雾来过,看不见雾曾在此驻留了。

——林清玄《合欢山印象》

雾渐渐地深了,漫过了路面,淹没了唐雨林的脚,四周围全是湿淋淋的麦田。湿透的麦苗在深夜里也醒着,发出异样的香味。有一点风吹过来,卷不动浓重的雾,却把唐雨林的脸吹得冰凉。

——叶弥《天鹅绒》

关于春雾的描写——

正当四月初旬,樱草开花,一阵煦风吹过新掘的花畦,花园如同妇女,着意修饰,迎接夏季的节日。人从花棚的空当望出,就见河水曲曲折折,漫不经心,流过草原。黄昏的雾气,在枯落的白杨中间浮过,仿佛细纱挂在树枝,却比细纱还要发白,还要

透明，蒙蒙一片，把白杨的轮廓勾成了堇色。

——【法】福楼拜《包法利夫人》

关于夏雾的描写——

夏季的夜晚是短的，黎明早早地来临。太阳还没有升起来以前，森林、一环一环的山峦以及群山环绕着的一片片小小的平川，全都隐没在浓滞的雾色里。只有森林的顶端浮现在浓雾的上面。随着太阳的升起，越来越淡的雾色游移着、流动着，消失得无影无踪。沉思着的森林，平川上带似的小溪全都显现出来；远远近近，全是令人肃穆的、层次分明的、浓浓淡淡的、深深浅浅的绿色，绿色，还是绿色。

——张洁《从森林里来的孩子》

关于秋雾的描写——

才是昨儿，本是万里无云的晴天，可是那天，那山，那海，处处都像漫着层热雾，粘粘渍渍的，不大干净。四野的蝉也作怪，越是热，越爱噪闹，噪得人又热又烦。秋风一起，瞧啊：天上有云，云是透明的；山上海上明明罩着层雾，那雾也显得干燥而清爽。

——杨朔《秋风萧瑟》

关于冬雾的描写——

伦敦的冬雾，真的提前保卫这古城了吗？早晨起来，把毛毯一卷，连同草垫抱到堆房里。上楼时，觉得很冷。用木棍拨开窗

雾失楼台

上的黑帘,外面是一片凄迷的灰雾。不但没有了后街伊顿路教堂的尖楼,竟连后园的梨树也依稀只剩条黑影。正在发怔时,一声味噢,一个蹿动,我们的狸花猫坐在沙发背上了。它怯生生地了了我一眼,就缩着四条腿,把身子蜷得像个鼓肚子花瓶,对着灰雾出起神来。浓雾中传来汽车的喇叭声,时而短促,时而悠扬。……

——萧乾《伦敦三日记》

关于白雾的描写——

晨曦姗姗来迟,星星不肯离去。然而,乳白色的蒸气已从河面上冉冉升起来。这环绕着葫芦坝的柳溪河啊,不知那儿来的这么多缥缈透明的白纱!霎时里,就组成了一笼巨大的白帐子,把个方圆十里的葫芦坝给严严实实地罩了起来。这,就是沱江流域的河谷地带有名的大雾了。

——周克芹《许茂和他的女儿们》

关于蓝雾的描写——

淡蓝色的晓雾,从草丛和茶树墩下升起来了。枸橼花的清香、梅和枳的清香,混合在晨雾当中,整个山坞都是又温暖又清凉的香气;就连蓝雾,也像是酿制香精时蒸发出来的雾气。

——艾煊《碧螺春讯》

关于灰雾的描写——

灰白色的雾从乱石纵横的山谷里冉冉的向上升腾起来,而压

在山巅上的乌云，却越来越低沉了。一会儿，山峰隐没了，路也看不清了，四周一片昏黑。

——峻青《山鹰》

关于寒雾的描写——

一片白茫茫的寒雾，笼罩着兵工厂的高红砖墙和砖墙外面的大马路，笼罩着兵工厂对面航空处的广阔的飞机场；包围了市街尽头处古塔的身影。……这浓重的寒雾，从早晨厂子高烟囱旁放送出催促工人上班的汽笛声，脚踏车流，人流，车流声和杂沓的脚步声，涌进兵工厂大门口时，便开始像一道浓烟似的铺天盖地降落下来，现在已经快到小傍晌了，它还没有一点消散的意思。太阳从混沌的、冷冻的云罅里，刚刚显露一下带着光晕的圆脸，很快便隐没了。天空飘着碎玉般的晴雪，尖利的寒气砭人肌肤，裸露在外面的耳朵、面颊、手指头和穿着破旧棉鞋的脚趾尖，都冻得像猫咬一样的疼痛。"好冷的腊七、腊八，冻掉下巴的数九寒天哪！"……

——蔡天心《浑河的风暴》

又粘又稠的雾像膏药一样向人的脸上、身上贴过来，英秋田觉得气都喘不动了。他扭头看了看身边穿便衣的鬼子兵，几个鬼子兵比膏药还粘地紧贴着他。

雾似乎松散开了，丝丝缕缕地游动着，他看到前边不远就是九水河桥了，过了这座小木桥，离英庄的枣园就只有不到五里路了。刚刚走上小木桥，更浓更稠的雾团又把他们紧紧地裹住了。

雾失楼台

一走进枣园，雾就稀薄了不少，在薄雾之中，树干黑黝黝的，早已落光了树叶的枝条上却凝上了白白的雾凇，弯弯曲曲的刺向天穹，像国画中的几抹淡痕，渐渐融入皑皑白雾中。

——英霆《叛徒》

关于昏雾的描写——

各处山谷里全弥漫着悠悠的昏雾，雾悄然独步上山，好像一个恶灵，寻找安息之处而不可得似的。粘湿而冷酷的寒雾缓缓飘来，显然可见，浪潮起伏，互相追逐，好像险恶的海面上的波涛。雾的密度封闭了车上的灯光，除了几码之内的雾自己底搐动而外，什么也看不见；疲劳的马们所呼出的浊气混进雾里，好像这一切都是由它们造成的。

——【英】狄更斯《双城记》

关于浓雾的描写——

变成了浓雾的细雨将五十尺以外的景物都包上了模糊昏晕的外壳。有几处耸立云霄的高楼在雾气中只显现了最高的几层，巨眼似的成排的窗洞内闪闪烁烁射出惨黄的灯光，——远远地看去，就像是浮在半空中的蜃楼，没有一点威武的气概。而这浓雾是无边无际的，汽车冲破了窒息的潮气向前，车窗的玻璃变成了毛玻璃，就是近在咫尺的人物也都成了晕状的怪异的了；一切都失了鲜明的轮廓，一切都在模糊变形中了。

——茅盾《子夜》

太阳已经落下去了；浓雾白得跟牛奶一样，在河面上，在教堂的围墙里，在工厂四周的空地上升起来。这时候，黑暗很快的降临了，坡下面已有灯火在闪亮，看上去那片浓雾好像掩盖着一个不见底的深渊似的……

——【俄】契诃夫《在峡谷里》

关于山雾的描写——

陡然间，那雾就起身了，一团一团，先是那么翻滚，似乎是在滚着雪球。滚着滚着，满世界都白茫茫一片了。偶尔就露出山顶，林木蒙蒙地细腻了，温柔了，脉脉地有着情味。接着山根也出来了。但山腰，还是白的，白得空空的。正感叹着，一眨眼，云雾却倏忽散去，从此不知消失在哪里了。

——贾平凹《读山》

早晨，群山弥漫着蒸腾着白雾，青灰色的万里长城像一条巨龙，随山势迤逦而下，潜入茫茫雾海里。黑黝黝的果园，在雾海里若隐若现，像起伏在波浪中的海岛。

——母国政《山村散歌》

太阳直射到山谷深处，山像排起来似的一样，一个方向，一种姿态。这些深得难以测量的山谷，现在正腾腾的冒出白色的、浓得像云雾一样的热气。就好像在大地之下，有看不见的大火在燃烧，有神秘的水泉在蒸发。

——孙犁《风云初记》

雾失楼台

关于湖上的雾的描写——

云厚厚的，落在湖上，就是雾，灰蒙蒙的雾气，水气，像是荒原上的大烟泡、冬天的浴池，一片昏暗，吞没了湖边的远山近山。凉飕飕的雨丝，横着飘洒过来，鬼才知道，它是从天上，还是从湖里头，冒出来。看一眼像是有，再看一眼，又像是没有……只有技术好的船工，才能在这种天气照样载客游湖。

——张抗抗《水洼中的汪洋》

南望太湖，也辨不出什么形状来，不过只觉得那面的一块空阔的地方，仿佛是由千千万万的银丝织就似的，有月光下照的清辉，有湖波反射的银箭，还有如无却有，似薄还浓，一半透明，一半粘湿的湖雾湖烟，假如你把身子用力的朝南一跳，那这一层透明的白网，必能悠扬地牵举你起来，把你举送到王母娘娘的后宫深处去似的。

——郁达夫《感伤的行旅》

关于林间的雾的描写——

他每天早晨沿着一条蛇一样弯弯曲曲的小路走进大森林的雾里，恍若走进迷朦的梦里。满山满谷乳白色的雾气，那样的深，那样的浓，像流动的浆液，能把人都浮起来似的。

——古华《爬满青藤的木屋》

雾在林间漂浮着，流动着。各种形状的树叶，浑圆的、椭圆的、细长的、多角的……像千万只绿色的小手。雾气拂着它们，

在叶掌上留下一层细小的水珠。小水珠流动着,在掌心汇成一颗大水滴,像托着颗晶亮的水银珠。沉重了,掉下去了,另一颗大水珠又在生成……

——尹俊卿《雾山黄》

关于草原上的雾的描写——

每天早晨,浓雾淹没了山野、河川和道路;草原清净而凉爽的空气,变得就像马群踏过的泉水一样,又混浊又肮脏!

——玛拉沁夫《茫茫的草原》

关于海上的雾的描写——

最后的一片紫光已在海面上消失掉,水里就腾起一重雾;星星在天空中闪烁了一会儿,也都看不见了。雾在眼前逐渐浓厚,遮掩了天,遮掩了远处的海平线,甚至连船都给遮掩了。现在只有烟囱和那庞大的主桅还可以看得出,从稍微远一些的距离看起来,那些水手的形体就好像影子一般。又过了一小时,就什么都隐没在白茫茫的雾里,连挂在桅杆顶上的灯,和烟囱里飞出来的火花都看不见了。

——【波】显克微支《为了面包》

雾在上升,可是又降落了下来,更浓密了。有时候简直全不透明。船陷在冰山式的雾气里。这可怕包围,像一把钳子那样打开;使人瞥见一角地平线,又立刻合拢。

——【法】雨果《海上劳工》

雾失楼台
WU SHI LOU TAI

关于庐山的雾的描写——

你，庐山的雾，仿佛是不可捉摸的。一会儿毫光泛滥，扑朔迷离；转眼间，却了无踪迹，莫知去向。你仿佛是一位不肯显颜露脸的神仙，也宛若是含情脉脉的少女——这便是你，庐山上的雾。你是属于庐山的。你溶化进奇秀匡庐的空蒙山色里。是你滋润着匡庐峻伟的山水，就连那岩上的青草，也特别长得修长、秀美。

——仇智杰《雾纱赋》

关于戈壁滩上的雾的描写——

五月的戈壁，蔓草绿了。绿了的蔓草湿漉漉的。上午下过大雨，黄昏乍晴便起了地雾。一缕缕一缕缕地雾，天上的洁白的云朵似的，排着队在滩上轻轻飘动、轻轻飘动。如果稍微站远点，会以为整个滩似乎都在动，远处的山似乎也在动。

——唐光玉《戈壁情话》